中小企業のための

2015年版対応

ISO 9001
内部監査
指摘ノウハウ集

ISO 9001 内部監査指摘ノウハウ集 編集委員会　編

編集委員長　福丸　典芳

日本規格協会

編集委員会名簿

まえがき

ISO 9001を導入している中小企業が，品質マネジメントシステムを評価するために内部監査をうまく活用していると言えるでしょうか．そうではないと思います．多くのセミナーなどの機会を通じて品質保証部長などのISO担当責任者に話を聞くと，組織の業種・業態及び規模にはあまり関係なく，様々な悩みをもっていることがわかります．

品質マネジメントシステムを改善するための有効な方法として，内部監査の機能が重要であることは誰もがわかっています．しかし，多くの中小企業では，内部監査をどのように運営管理すれば，効果的な品質マネジメントシステムの改善を行うことができるのかについて日々悩んでいます．

この中でも特に，①内部監査の目的は何なのかと，②不適合，改善指摘，是正処置の書き方に関しての，大きく2点について悩んでいるようです．

そもそも，内部監査では，現在運営管理している品質マネジメントシステムの適合性及び有効性の観点から評価を行い，その結果，問題点が検出された場合に，これを改善する活動を行うことが基本となっています．しかし，内部監査員の指摘が曖昧であることや被監査者が行う是正処置が適切に機能していないことなどの問題点を，組織では抱えていることがよく話題になっています．

このような状況を改善するため，本書の出版に当たり，ISO 9001:2015の改訂に合わせて，中小企業で行われている内部監査の視点で，どのようにすれば内部監査がうまく有効活用できるのかに関する検討委員会を立ち上げて，メンバー全員で検討を進めてきました．検討に当たっては，中小企業で活用できる内容にするために，ISO 9001の要求事項に目を向けるのではなく，業務活動に着目した内部監査ができるようにという主旨で，メンバーの経験に基づく，真に迫った意見などを基に白熱した議論を行ってきました．その結果，各人の本音で議論した結果を本書にしました．

本書の構成は，中小企業の内部監査に関連する問題や課題を改善するために，内部監査の基本的な考え方の解説を先に行うのではなく，使う人のニーズを考えて，内部監査に関する悩み，内部監査結果の事例を先に解説したあとで，内部監査の原則や取組み方法について解説しています.

第1章では，内部監査実施上の悩みとその回答について，推進事務局・推進スタッフ・管理責任者，被監査部門，内部監査員，トップの順で解説しています．第2章では，内部監査報告書に関して，どのような事項が問題でそれをどのように解決すればよいのかについて事例を基に解説しています．第3章では，内部監査で不適合となった事項について行われる是正処置の効果的な方法について解説しています．第4章では，中小企業における内部監査ではどこに着目すればよいかという視点について解説しています．第5章では，内部監査とはそもそもどのようなことを意図しているのかについて解説しています.

また，本書は内部監査の不適合報告書に関する是正処置の方法について，内部監査員の教育に使用することも可能となっていますので，これらの内容を十分理解していただき，形式的な内部監査から脱却して品質マネジメントシステムの改善に役立つ，かつ，組織のパフォーマンスの向上に貢献する内部監査を実施されることを期待します.

本書の出版にあたり，日本規格協会出版事業グループの室谷氏，伊藤氏には多くの助言をいただき心から感謝申し上げます.

2016年9月

著者を代表して
福丸　典芳

目　次

第 2 章　内部監査事例

第3章　プロセス改善に役立つ是正処置の方法

第4章　内部監査の視点

第5章　内部監査の効果を上げる意義と必要性

第1章 内部監査実施上の悩みとその回答

本書は，冒頭の“まえがき”にも記載しましたが，大企業ではなく，中小企業や零細企業が ISO 9001 を使って，たとえ小さくても“ピカリ”とひと輝きする組織に脱皮するために，内部監査をベースに事業活動に役立ててほしいという意図で刊行したものです．

そのため，一般常識を覆し，まずは悩み相談からスタートしています．章を追うにつれて読者の皆様の組織のレベル向上と連動して読み進めていただければ幸いです．

内部監査の運営管理に関する悩みごとについて，セミナーなどの場で多くの相談を受けることがあります．これらの悩みごとを解消するため，この章では，品質マネジメントシステム（以下，QMSと呼びます）に関する，推進事務局・推進スタッフ・管理責任者（**A**），被監査部門（**B**），内部監査員（**C**），トップ（**D**）が内部監査で日頃悩んでいることに対する解決のヒントになるような回答を示します．なお，これらの内容と関連する事項についての詳細は，第2章から第5章を参照してください．

A　推進事務局・推進スタッフ・管理責任者の悩み

A-1　組織の状況の把握

Question

組織の状況が把握されておらず，マネジメントシステムが形骸化してしまっています．

Answer

推進事務局・推進スタッフ・管理責任者からのご相談ですが，ISO 9001の2015年の改訂で“組織の状況”などが要求事項になったこともあってのご相談でしょうか．もしそうであれば，ISOの改訂からと悩むことではなく，あなたが実務で御社の役員ならば役員会で，トップの右腕ならトップと相談して，解決の道を探ってみることを推奨します．

マーケットインの考え方で現状の事業を振り返ってはいかがでしょうか．まずは，現状の事業を行っている範囲で“何で当社が注文をもらえているのか”からピックアップしてみると，現状の御社の存在価値の一端が垣間見えてきます．その一端でもよいので，その特徴を持続できるために御社のマネジメントシステムとしてどのようにしておけば，その顧客の期待に応え続けていけるのかを考えてみてください．そこまでいけば，おのずとお悩みの一端は解消できると思います．

A-2　事務局の役割

Question

トップからマネジメントシステムの構築・活用・推進の任命を受けているのですが，具体的な役割が不明確なのです．

Answer

マネジメントシステムの構築・活用・推進の任命を受けたあなたから，ご自身の役割が不明確というご質問を挙げていただいたことは，もっと役割を明確にしてよくしていこうという前向きの姿勢が伺えますね．このご質問の役割は，従来は“管理責任者”の役割でもありましたが，2015 年改訂では管理責任者の定義がなくなりました．組織によっては，規格にはなくなっても従来どおり管理責任者を任命している組織もあります．なぜ規格からなくなったかというと，本来，ISO 認証を受けようが受けまいが事業を運営していくためには管理責任者などの任命の有無とは別に，組織内で役割を明確にして進めているはずだからです．ISO で管理責任者など定義しなくても，おのずと ISO 導入前から決まっていたのではないでしょうか．それなのに ISO 9001 で要求されたので変に自社のマネジメントシステムの推進にタガをはめていたかもしれません．ISO 9001 で決まっている，いないに関係なく，自社におけるそもそものマネジメントシステムの推進役を決めて進めてください．ちなみに管理責任者とは 1 人でなくてもよいことはご存じでしょうか．いろいろ試して推進してください．

A-3　リスクと機会

Question

組織の全社的なリスク及び機会をとりまとめることが難しいです．

Answer

ISO 9001 の 2015 年の改訂で“リスク及び機会への取組み”などが要求事

項になったことがあってのご相談でしょうか．

最初から難しく考え込まないことがコツかもしれません．まずはマネジメントシステムの中で挙げている目標から上ブレ，下ブレしそうな影響事項を挙げてください．下ブレだけがリスクではありません．リスクは“不確かさが組織の目的に与える影響”と考えるとよいでしょう．やさしくいえば，“掲げた目標から変動する影響”です．悪いばかりでなく，思いもよらず見た目のよい側にブレるのもリスクです．

そう思えば普段から組織で対応しているのではないでしょうか．

A-4　内部監査の有効性

Question

内部監査を行っているのですが，有効に機能しているか不安です．

Answer

御社は内部監査の有効性についてどのくらい期待をおもちでしょうか．事業に則した実利の監査を有効とするのか，規格への適合監査を有効とするのかにもよります．まず管理責任者として内部監査の有効の定義を決めてください．決まっていればそれに則って管理責任者が，監査項目をサンプリングして現地・現物・現実で確認してみてください．答えはおのずと把握できると思います．

A-5　再発防止策の有効性

Question

是正処置の再発防止策が有効に機能しているか不安です．

Answer

推進事務局・推進スタッフ・管理責任者の立場であれば，これは意外と簡単に確認できます．当時起きた不適合事項を仮に設定してみることです．不適合品を流してみる，顧客苦情を流してみる，店舗で意地悪な注文をしてみる．そこで何かしら停まる，報告が出る，待たせないなど想定どおりの対応がとられれば有効に機能しているということです．不安ならそのままにしないで実際行ってみてはどうでしょうか．立派な現場を確認し安心でき，感動できると思います．

A-6　経営者が内部監査に無関心

Question

QMS は推進事務局・推進スタッフ・管理責任者が推進することと経営者が思い込んでおり，内部監査が他人事になっていて困っています．

Answer

それは困ったものですね．次の事例を参考にしていただくのはいかがでしょうか．

(1)　うまくいかなかった事例

推進事務局・推進スタッフ・管理責任者として内部監査は自分の役割と思い込んでいて，経営者の想いをあまり大事にしていませんでした．

(2)　うまくいった事例

経営者自身が推進するような仕掛けを行うようにして，経営者主導で内部監査をするようにしてみました．上司とは“上使”ともいいますので．

A-7　内部監査員がいつも同じ

Question

組織の規模が小さく ISO 導入初期の殻から抜け出せません．内部監査一つをとっても組織が小さく監査員の交替要員がいないので，いつも同じ監査員が監査することもあり，いつも同じような指摘でよくなる見込みが見えません．

Answer

これも多くの方から質問を受ける内容です．御社の正確な情報がいま一つ明確ではありませんが，もしや，事前準備をせずに監査を行っていることはありませんか．組織が小さいとはいいますが，ISO 9001 の要求事項は 2015 年版でいえば箇条 4 から箇条 10 まであること，2008 年版にはない新たに追加された要求事項もあること，規格の視点で監査しようと思っても確認する事項は多数あります．その視点とは別に，自社の重要な方針，重要な課題，顧客からの要求事項，法令・規制要求事項等の監査をしようと思ういろいろな視点や切り口で監査は行えます．筆者の経験では，これらの多岐にわたる視点や切り口から監査をすると，仮に不適合事項はなくても，よりよい組織にしていこうとの視点で監査をすれば，改善課題や観察事項がいろいろ見つかってくるものです．組織は大小関係なく，生きているのです．

ご相談のように同じ監査員で，組織が小さくとも，やり方の創意工夫でよりよい内部監査はできます．

A-8　QMS が自社の現状とあってない

Question

大口顧客から ISO 9001 を認証するよう意向があったのですが，大企業ならば可能でも，当社のような中小企業ではそのまま対応するのは無理な内容です．

大口顧客からの指導を受けながら認証を取得しましたが，組織の規模の違いもあり，ISO の小難しい規格解釈の指導を受けたものの，その結果当社にとって利があるように思えない QMS が出来上がり今に至っています．

Answer

それは御社が被害者でしたね．でも，このご相談内容からは，ご相談者がすごく賢い方だとすぐに理解できました．既にご相談いただいた時点で自社の QMS が大口顧客の口添えのもとに作成され，自社にとって最適でない QMS

であることに気づかれているからです．

ここまで気づかれていれば，後はそう難しいことではなく，現行の外向きのQMSをいったん忘れて，以前から行ってきた普段着の自社の身の丈にあったQMSをISO 9001と照合してみてはどうでしょうか．

多分，8割9割は達成していて，残りは国際規格として要求された項目に欠落している（やっているが明確に示せない，確実に達成しているとは説明できない等）内容でしょうから，社内の皆さんと相談してやり方を工夫（変更）して，普段着のQMSのレベルアップを図り，結果として顧客満足度向上を図られてはいかがでしょうか．

そもそも認証制度とはそういう制度です．

A-9　事務局の権限

Question

事務局の権限が少なく，うまく全社を推進していく力が弱いのです．

Answer

心労が絶えませんね．しかし極端なことを言いますと，“権限があれば推進がうまく進む”のでしょうか．多分，ご質問の事務局担当の方は既にわかっておられるのではないでしょうか．もし権限をもっても組織のメンバーがその気にならない限り推進し定着することにならないのではないでしょうか．まずは事務局と組織のメンバーでどんな組織にしていきたいとの夢を語り合って，また，トップの方針や意向も聞いて“絵”を描いてみてください．そうすれば組織の皆も事務局を頼って勢いがつくと思います．

A-10　内部監査員の力量向上

Question

内部監査員の力量アップの方法には，監査員を絞り込み，集中的に教育するしか方法はないのでしょうか．

Answer

なぜ，“力量アップ＝絞り込み＋集中教育”とお考えになられたのでしょうか．集中的な教育とはどういう教育を想定されているでしょうか．編集委員会の検討会で，ある企業では役員全員が内部監査員となり役員自身の担当でない部署を監査する（例えば営業担当役員が生産部門を監査し，その逆に生産担当役員が営業部門を監査する）例の紹介がありました．そうであれば，その場に多くの育てたい監査員候補や，もっと伸びてほしい内部監査員をその役員監査員と同行させることで，将来主体になる監査員が育つことも考えられます．いろいろ方法はあると思います．検討してみてください．

A-11　QMS 運用の実態の把握

Question

全社の QMS 運用の実態が事務局として把握できていません．

Answer

ご相談を受けた組織の事務局への要求がどこまでかがわかりませんが，自社のすべてを誰もが把握できているかといえば，そうした人はまれではないでしょうか．逆に把握していると自負している人がいれば怪しいかもしれません．いくら中小企業や零細企業でも奥は深いものです．それなら，まずはある範囲のマネジメントシステムから把握していってはいかがでしょうか．それを一つずつ積み上げていく頃には最初のマネジメントシステムは更新しています．すべて把握していると自負しているよりも“常に勉強”と努力する姿勢の事務局の方が魅力的ですよ．

A-12　内部監査の実施時期

Question

内部監査の実施時期が調整しづらくて困っています．

Answer

これはきっと作業の調整だけでなく，内部監査の目的が被監査部門と共有できていないからではないでしょうか．被監査部門が監査に価値を見いだしていれば，また，内部監査員もやらされ感で実施していなければ，時には顧客の都合などで実施時期を見直さなければいけないこともあるでしょうが，すぐに調整がつくものです．ご相談事項の，調整しづらいということは，このどちらか（被監査部門と内部監査員）か，両方が内部監査の価値を見いだしていないのではないでしょうか．内部監査とは自社の仕組みを強化して顧客満足を向上させ，顧客と御社の両方がWin-Winになるために行う方法なので，その主旨を両者でいま一度確認してみてください．

A-13　不適合の原因が不明確

Question

不適合の原因が明確になっておらず不安です．

Answer

このご質問もよく受ける内容ですが，“不適合の原因が不明確”というと，①原因は明確であるが対策に打つ手がない，②本当になぜこんなことが起きたのか思いもよらない，とあり，大半は前者のケースが多いようです．もう少し詳しく説明すると，なぜなぜを繰り返すことが足りないように思います．ベテランで長期間ミスをしなかった方が人的ミスで不適合対応をすると多くの場合，あの人にはあり得ないが起きた，原因は不明，是正処置は気をつける，で終わってしまいます．しつこくなぜなぜを繰り返すと，勤務に就く前の行動，家庭での出来事，勤務時間など，よくよく調べれば原因は明らかになってくるものです.

A-14 内部監査員の養成方法

Question

効果的な内部監査のキーは，内部監査員の能力（知識，スキル，経験）であることはわかっているのですが，高い能力をもつ内部監査員はどうすれば養成できるのでしょうか.

Answer

たしかに内部監査員の能力も効果的な監査を行うのに必要な要素ですね．次の事例を参考にしていただくのはいかがでしょうか.

（1） うまくいかなかった事例

当初内部監査員の選定基準を“ISO 9001の知識”と“実務に精通している人”を主体に選んでいた．その結果，ISO 9001の要求事項の適合性の確認が主体の無味乾燥な監査になってしまった.

（2） うまくいった事例

内部監査員を業務の有効性の視点をもった部長や役員にした．その結果，その部署の問題点やよいところが指摘できるようになった．部長や役員はISO 9001の知識が薄いので，監査チェックリストを道具として使うことでこれをカバーした.

A-15 内部監査員を育成する時間の確保

Question

内部監査員に必要な力量アップのための時間がとれません.

Answer

力量アップの方策について，少し形式ばった固定観念に縛られていませんか.

本書の編集委員会の検討会では，ある企業では役員全員が内部監査員となり，先頭に立って自身の担当でない部署を監査する（例えば，営業担当役員が生産部門を監査し，その逆に生産担当役員が営業部門を監査する）例の紹介がありました．そうであれば，その場に多くの育てたい監査員候補者や，もっと伸びてほしい監査員を，その役員監査員に同行させることで将来主体になる監査員が育つことも考えられます．きっとここでのポイントは，役員監査員がいろいろ事前に知っている情報を基に監査で聞いていく姿から，育成候補監査員は気づきを得ると思います．通常の監査員であれば，それだけ事前に情報を集め監査計画を立てないといけないことに気づくと思います．

“当社にそんな前向きな役員はいない！”と言われる読者もいるでしょう．役員でなくても事務局でも管理責任者でもいいのです．筆者の会社では第三者の ISO 審査時に審査員に同行させることも行っています．

要は，工夫です．“時間がとれない”の一点張りでは何も進みません．何か工夫して打開してみることです．

B　被監査部門の悩み

B-1　内部監査の実施時期の変更

Question

急な受注が入って監査時期と重なってしまったのですが，監査は計画どおり実施しなくてはいけないのでしょうか．

年頭から内部監査の時期は計画されていたのですが，急な大口の受注が入り，組織も小さいので全員が受注対応にやっきとなっているときに，“内部監査は内部監査として P（Plan），D（Do），C（Check），A（Act）の計画に基づいて進める”と推進事務局から連絡があって困っています．推進事務局も“審査の際に審査員から計画に基づいていないと指摘を受けたくない”というのが本音のようです．

Answer

社風や御社のねらいにもよりますが，あくまで基本としては，内部監査の時期はそれほど厳密に考えなくてもよいと思います（だからといってどんどん遅らせるのも問題ですが．だから社風と言いました）．

大事なことは日常のQMSを，ある時点で病院のMRI（磁気共鳴診断装置）で断面図を見るように状態を観察して，現状どうなっているかを監査する側，される側から見て，よいところは誉めて，よくないところは是正することです．

それには検査技師（内部監査員）と患者（監査を受ける部署や機能）が共同で協力しないと，よい画像（監査結果）は撮れません．鮮明な画像が撮れなければ医師（経営者）は治療に選択判断がつきません（マネジメントレビュー）．実際の組織の健康診断でも忙しいから健康診断を来年にずらさないでしょう．実際の健康診断だったら法律違反になります．

その前提は，監査する側と監査を受ける側が協力できる環境を整える（多忙な時期に無理に監査して形だけになることのないようにする）ことが重要なので，遠慮なく内部監査を管理している担当者に時期の変更等を申し出て，あまり遅滞のないタイミングを決めて，鮮明な“画像”（監査結果）を残すことを推奨します．

B-2　自部門の状況の説明

Question

自部門の状況について，どのように内部監査で説明するか迷っています．

Answer

被監査部門からこのような質問をされるとは，御社のレベルが高いと推察されます．たしかに被監査部門としてどう説明するか迷われることもあるでしょうが，それは内部監査チームの責任でもあります．要は，いかに御社のマネジメントシステムのレベルを上げて事業のパフォーマンスを上げていくかを“一緒になって”考える視点で監査を受ければ，被監査部門と内部監査チームが一体になって監査をきっかけにして継続的改善につながっていくのではないでしょうか．

B-3　リスクの抽出

Question

効果的な QMS に関するリスクの抽出が難しいです．

Answer

今回の 2015 年改訂で悩みの多い質問の一つですね．リスクというと身構えて，ネガディブな（悪い）事項を挙げる方が多いですが，効果的な QMS に関するリスクとは，ポジティブな（よい）リスク，すなわち，ここで議論するリスクは掲げた方針に基づく目標に向かう上でよいほう悪いほうの両方にブレる影響要因を挙げることです．例えば売上げ 20％アップといえば，“新規顧客が獲得できない”というのがよく出る項目ですが，“翌年注文の前倒し受注”についてはどう判断しますか．売上げ目標の帳尻を合わせ，その結果 30％強アップになったので上司は目をつぶるといったことがよく見かけられますが，上ブレもリスクに挙げるべきです．なぜか．よい方にブレることは，時に事業に悪影響を及ぼすからです．上記のようなケースでは翌年売上げが下がることも予想され事業の波を起こすからです．売上げのような象徴的な指標をいじってしまうことは，そのために準備した計画や経営資源が正しかったか否かもわからなくなってしまいます．PDCA などといっている場合ではないことになります．いろいろな視点からリスクを挙げてみてください．

B-4　自部門の状況を見せたくない

Question

部門の QMS 運用の実態をすべて見せたくありません．

Answer

一つ提案です．審査と監査を分けてみませんか．審査では機密保持契約を審査機関と結んでいるとはいえ不安は残ります．しかし，内部監査はあなたの会社のメンバーが，あなた方被監査部門と一緒に会社をよくしようというねらいで監査を行っているはずです．本当に社内秘というのであれば事務局に相談し，知ってもよい方（社長や専務等）に監査してもらうなど，方法はいくらでもありますのでご安心ください．

B-5　監査に割く時間の余裕がない

Question

業務に追われており，余分な内部監査に時間をとられたくありません．

Answer

まず，余分と思う前に，事務局か管理責任者に被監査部門の課題を明確に示し，その上で社内の最良の監査員を配置してもらってはいかがでしょうか．監査は自社をよくするために行うことなのに，被監査部門は足元をすくわれないように構え，監査員は何かあばいてやろうとするような関係になってしまってはいませんか．

あなたの部署の課題を被監査部門の皆で共有し，改善していく指針が明確になるのであれば“余分な時間”が“有効な時間”に変わるのではないでしょうか．まずはあなた（被監査部門）から提案してみませんか．

B-6　是正処置の開示

Question

是正処置を見せたくありません．

Answer

是正処置を見せたくないとは，ノーベル賞ものの発見を隠したいのか，あまりに浅い処置で恥ずかしいのでしょうか．どちらも自社の方に見せるのであり，外部の方ではないのだから，自部門で考えてとった処置をここは自慢大会を行ってみませんか．

B-7　内部監査は時間の無駄

Question

得るものがない内部監査につきあわされ，時間の無駄と感じています．

Answer

本当に無駄なのでしょうか．次の事例を参考にしてみてはいかがでしょう．

(1)　うまくいかなかった事例

内部監査員のありきたりな指摘を簡単に受け，お付き合いで内部監査を実施していた．

(2)　うまくいった事例

自分の日頃の悩みを聞いてもらい，品質マネジメントの視点でアドバイスをもらう意見交換会として位置付ける時間を内部監査に盛り込むようにした．

C　内部監査員の悩み

C-1　内部監査員は何をすればよいか

Question

内部監査をやれと上からは言われたのですが，何をどうしていいのかわかりません．指示した事務局からも講習を受けさせるといったフォローもありません．自分も含めて一度集められて，簡単な内部監査の説明があっただけなのです．

Answer

大変ですね．しかし期待していない方には相手も依頼してこないのが世の常です．あなたは選ばれた人です．あなたの強みは何ですか．顧客の依頼事項に詳しい．現場の問題をよく知っている．社員教育を数こなし，中堅若手の実力を知っている．それ以外にもたくさんあるでしょう．

社内に内部監査のルーティンが整備されていないのであれば，まずはご自身の詳しい面を主に与えられた現場でいま組織で重要な事項から社内ルートと実態を確認してみてはいかがでしょうか.

“営業面に詳しいのに生産現場で監査しろと言われた？”，これぞ活躍できるシーンではないですか．営業面から生産への依頼事項が社内ルールに沿って実施されているか確認してください．その逆に生産面に詳しいのに営業を監査しろと言われたなら，生産側から営業に今後このように顧客に説明してほしいと依頼していたことが実践されているか確認してみましょう．

あなたは社内で選ばれた優秀な“人財”です．監査員の興味だけで監査を行ってはいけませんが，組織で重要な事項であれば自分の強みを活かして活躍してみてください．

C-2　何を聞くべきか

Question

組織の状況について，どの程度のヒアリングをすればよいか戸惑っています．

Answer

ISO 9001 の 2015 年改訂での新たな要求事項なので，監査する側としても気苦労がありますよね．“どの程度ヒアリングするか”ですが，組織の状況を細分化すると，

⓪　なぜ顧客は自社に注文をするのか
①　顧客のニーズや要求事項にはどのような事項があるか
②　①について被監査部門ではどのような対応をしているか
③　②で対応事項があったとき行った対応によって①は満足されているか
④　同様なことがほかにあるか
⑤　ほかにあれば必要性によって①～④を確認する

以上を確認してみてください．確認したのに被監査部門から①がまったくないという究極の回答も想定されますが，そんなはずはありませんから．御社への何かしらの期待（納期を守ってくれる，無理なカスタマイズにも対応してくれる等）があるから御社は受注しているのであり，本当になければ御社に受注は

来ていません．確認してみてください．

C-3　リスクと機会はどう聞けばよいか

Question

各部門が取り組むべきリスク及び機会について，どの程度のヒアリングをすればよいか戸惑っています．

Answer

まずは，御社の社内ルールによりますが，基本は内部監査事務局と相談してみてください．ISO 9001:2015 ではリスク及び機会は“組織の状況”，“利害関係者のニーズ及び期待の理解”を考慮して設定することになっています．その上で既に社内でリスクが明確になっているか，なっていないかにより監査のやり方は当然変わります．

明確になっているのであれば，一度にすべて確認できるだけの項目なのかどうかは事務局の判断です．確認するポイントは，

① 現状の QMS で今期掲げた目標どおりに達成できますか．

② それを阻む，もしくは促進しすぎる要因はないですか．

③ あれば，目標どおりいかない事項を改善する体制が整っていますか．

です．それを御社の実例を基に聞いてみてください．曖昧だったり，逆に整いすぎていたりしたら，監査時間の範囲内で深く聞いてみてください．きっと何かが見えてくるでしょう．

C-4　実態が見られない

Question

被監査者の運用の実態がすべてを見られず判断しにくいのです．

Answer

この場合，被監査部門が見せはするが範囲が広く，限られた監査時間では見

られない場合と，意識的に被監査部門が見せまいとするケースが考えられます．

前者の場合，それはそうでしょう．被監査部門がいくら小さくても一度の監査ですべてを明らかにすることは難しいです．そのためには監査事務局と相談し，今回の監査の重点ポイントを決めて実施してみてください．この重点ポイントは直近で問題が起きた事項や被監査部門の機能をいくつかに分けた一部に絞ることです．あまり欲張らずにやってみませんか．

後者の場合，おそらくそれは被監査部門の方が“内部監査は重箱の隅をつつくのでなるべく見せない方がいいよ”などという悪い噂話に乗っかっているケースが考えられます．ぜひ，そうではなく，一緒に会社をよくするためのものと主旨を説明し，言っているあなたがその約束さえ守れば，きっとよい監査になると思います．

C-5　監査先の管理職が立ち会わない

Question

内部監査時に管理職の出席が悪く，実体を把握しづらいです．

Answer

まずは被監査部門の管理職には今回監査したい重点ポイントをよく伝えることができていますか．内部監査の目的が，一緒に自社をよくしていく行為であることも含めてです．

もし，それでも管理職が内部監査に参画を拒否され，今回の監査の重点ポイントが管理職でないと回答できない事項（管理職の方針の意図，管理職による部下の人材育成等）ばかりであれば，監査は事務局と相談し，延期した方がよいかもしれませんね．

しかし，考え方によっては，絶好のチャンスです．それは管理職がいると実際対応している方に話を聞きたいところ，管理職に回答され，現場の周知状況などは確認できないことが多々あります．よって不在を逆にチャンスにすることもできますので，いろいろなケースを想定し監査チェックシートを作成しておくとよいでしょう.

C-6　内部監査の継続性

Question

内部監査員がその都度変更され，継続的に経緯が見られず，改善に不安が残っています.

Answer

でも変更できるだけの監査員がいるというのは贅沢な悩みかもしれません.また，変更は絶好のチャンスでもあります.いつも同じ被監査部門に繰り返し行ってみた経験はありますか.慣れや惰性などもあり，聴くことが準備できないことがあります.そうであれば，自分の担当の監査報告書を次回別の監査員が見ても，被監査部門の誰が見てもその状況を“復元”できるようにていねいに記載し，必要であれば監査後日の是正報告後に，フォローアップ監査を実施し，自分の監査担当の期間で改善の目途を確認し，次回の別の監査員に初期の監査報告書のほかに申し送ることを記載した申し送り記載書などを残すことも重要です.

C-7　内部監査に積極的になれない

Question

いつも内部監査をさせられ，やるメリットを感じないので，早く誰かに代わってほしいと考えるようになっています.

Answer

よくあることですね.次の事例を参考にしてみてはいかがでしょうか.

(1)　うまくいかなかった事例

内部監査はボランティアのような位置付けで，内部監査員の意欲や実績に結び付く仕組みをつくっていなかった.

(2)　うまくいった事例

内部監査員を人事考課やキャリアアップと連動させ，内部監査員の社内の位置付けを高くした．

C-8　監査をしなくても把握できている

Question

当社は営業と製造があるものの，組織も小さく社員全員で全容がわかっているので，内部監査しろと言われても，何が悪くて何がよいかは監査しなくてもわかっています．

Answer

すごく贅沢なご相談です．なぜなら自社の中を全員でご理解されているのですから．鬼に金棒です．強いていうならば，理解に漏れはないでしょうか．

2015年改訂によって，例えば，“組織は，組織の目的及び戦略的な方向性に関連し，かつ，そのQMSの意図した結果を達成する組織の能力に影響を与える，外部及び内部の課題を明確にしなければならない．組織は，これらの外部及び内部の課題に関する情報を監視し，レビューしなければならない”という要求事項が増えました．筆者の組織で実際にこのようなことをやってみたところ，1年以上かかりました．単純にいえば，なぜ売れているのか，なぜ来店者が増えているのか，ベテラン社員が続々定年退職していく上で技術の伝承はどこまでされているのか，このままの顧客の要求事項を今後も継続して提供し続けられるのかなど意外と理解しているようで理解できていない事項もあると思います．視点を変えて見てみてください．

D　トップの悩み

D-1　認証の返上を考えている

Question

当社のトップから“効果がないのでもう認証を取り下げたいが問題あるか”と問われています．当社も一時期の流行や取引先のアドバイスもあり認証を取得しました．当社は中小企業でもあり，大企業と違って維持管理するメンバーもいません．また年間維持費用も馬鹿になりません．“費用もかかるのに効果もない”と返上を考えています．

Answer

経営者の方の心情，よく理解できます．費用も高価，成果も見えないというのは，いろいろな企業から頂く相談の典型的な例です．

この場合，大きく分けて三つの選択肢があります．

まず一つ目が，本当にやめてしまう，認証の返上です．本当に経営者がこの制度に期待しておらず顧客要求もなければ，返上を進言してはいかがでしょうか．この制度を利用せずとも，組織を活性化させるには，例えばコンサルタントを雇うなどの方法もあります．また，この認証を返上してはじめて気づくこともあると思います．

二つ目が認証機関の移行です．さすがに認証返上は対外的に印象も悪いので，対応としては認証費用の安い認証機関への移行（切り変える）があります．しかし，その場合には，よく検討してから実行することをお勧めします．認証機関は，認定機関という認証機関を認定する機関から御社と同じように審査を受けています（認定機関の日本適合性認定協会が 2019 年 5 月 9 日現在公表している ISO 9001 の認証機関は 39 機関）．だからといって，どの認証機関も同じかというとそうではありません．この 39 機関は，認証機関として認定されるための最小限の要求事項を満足しているだけです．筆者もこの中の相当数の認証機関に足を運び直接話を聞きましたが，それぞれ特徴があります．要は以前審査でパスした事項でも指摘の候補になる可能性があるということです．安いから移行といっても，そう単純な話ではありません．

三つ目が再度本当に無駄なのかを検討し活用の仕方を変えることです．もし，“やはり認証は意味がある”と気づけば，ISO の制度や認証機関のせいにする前に本当に自分たちがこの制度を使って何がしたいのかを整理し，御社の身の丈に合わせたマネジメントシステムに戻して活用を再開するとよいかもしれません．その上でマネジメントシステムの重要な事項を審査するのに現在の認証機関がもの足りないというのであれば，御社がマネジメントシステムを活用する意図と最も合致した審査ができる認証機関を選定し直して再度スタートを切るのであれば，二つ目の選択の，認証機関の移行とは大きく意味が違ってきます．

全国には同様の件で悩んでいる組織も多いので，ぜひその後の状況を編集部にご報告お願いします．

D-2　顧客，製品及びサービスの明確化

Question

ビジョン・理念などを踏まえつつ，トップ自らの意思で，対象とする顧客，提供する製品及びサービスを明確にできないのでどうしたらよいでしょうか．

Answer

でも“明確にできない”と問題意識をおもちになったこと自体が前進です．一つの切り口ですが，“ビジョン・理念などを踏まえ……”とプロダクトアウト的（提供側の論理を優先させる）な考えをひとまず置き，マーケットイン的（顧客視点の論理を優先にさせる）に現状の事業を振り返ってはいかがでしょうか．

ISO 9001 でも“利害関係者のニーズ及び期待を明確にして理解してください”という意図の要求事項があります．まずは，現状の事業を行っている範囲で“何で注文をもらえているのか”をピックアップしてみると，現状の御社の

存在価値の一端が垣間見え，その内容を改めてビジョン・理念などと対比してみてはいかがでしょうか．そこまで行けばおのずとお悩みの一端は解消できると思います．

当時，同じような悩みから筆者の組織でも行ってみて前進しましたので検討してみてください．

D-3　“リーダーシップ”の要求事項への対応

Question

トップマネジメントから“2015年改訂でリーダーシップが重要事項になったようだが，審査でリーダーシップがないのではないかと言われないようにするにはどうすればよいのか”と質問を受けています．

Answer

ご安心ください．多くの企業のトップが同じように密かに悩んでいます．トップには大きく分けて二つのタイプがあるといわれています．一つ目は自ら先頭に立ってリーダーシップを振るうタイプA．二つ目はしっかりと部下に主旨・指針を伝え，経営資源（人・モノ・金・情報・知識）を提供し，主旨・指針を全うするタイプB．

まず，このQMSでいうリーダーシップとは，

- システムの有効性の説明責任をもつこと
- 方針・目標を立てっぱなしにせず運用と連動させること
- 必要な経営資源（人・モノ・金・情報・知識）を有効活用できる体制をつくり運用させること
- QMSと実際の事業とを統合させること

などがあります．

Aのタイプの方は一見リーダーらしく振る舞っているように見えますが，声が大きい，度胸が据わっている，威勢がいい……，これらイコール，リーダーシップがある，というわけではなく，上記の四つのことができているかが判断

基準です．

タイプＢの方，不安を払拭するには，しっかり主旨・指針を部下の方に伝え，経営資源を十分に有効活用できるようにコントロールしてあげることではないでしょうか．リーダーシップを画一的にとらえないでください．

D-4　マネジメントレビューが機能しているか

Question

“マネジメントレビューが機能しているか不安だが大丈夫か”とトップから問われています．

Answer

トップの方がマネジメントレビューに気を配っている御社は真っ当です．あえて一つアドバイスするとなれば，トップの現場視察をされてはいかがでしょうか．トップ診断などと銘打って実施している組織もあるようですが，本当に現場・現物・現実の三現主義を貫かれて現場と接してれば，きっと現場の人がトップのファンになって，マネジメントレビューなどと銘打たなくても報告が適宜挙がってくることでしょう．

D-5　QMS が機能しているか

Question

“当社の QMS が有効に機能しているかわかりづらい”とトップから問われています．

Answer

トップの方は何か有効に機能していない事象を感じているのでしょうか．それとも有効に機能していると自負しているが確証が欲しいのでしょうか．

機能していない感覚があるのであれば，組織内にいろいろ事象があるでしょうから，自らサンプリングしてその是正処置と実施に対する顧客の評判をお聞きになるとよいと思います．トップ自ら自社の事例を確認した上で，顧客訪問して現実を確認していただければ，仮に有効に機能していない是正処置であっても現場は再度見直しに入るでしょう．

その逆に，確証を得たいならば，それこそ第三者審査の審査員との経営者面談に時間を割いて，継続的に審査員の報告を聞いていると，仮の回答が得られると思います．

D-6　経営に役立つ内部監査結果報告がほしい

Question

“内部監査の結果報告では，当社の強みや弱みがピンとこない．経営的視点でマネジメントレビューができる内部監査結果を期待したいがどのようにすればうまくいくのか”と検討指示がありました．

Answer

内部監査をうまく使いたいということですね．次の事例を参考にしてみてはいかがでしょうか．

(1)　うまくいかなかった事例

内部監査の指針を管理責任者や事務局が独自に決めていたため，経営者が期待する情報が提供できる内部監査にならなかった．

(2)　うまくいった事例

内部監査の指針は，経営者が欲しい情報と管理責任者が欲しい情報とを，経営者と管理責任者が事前協議して決めた．内部監査でその情報を入手するため，事実に基づき，プロセスを検証し，プロセスの有効性の判断結果を，経営者にフィードバックするようにした．この結果を経営的視線で判断することで，有効なマネジメントレビューに結び付いた．

第2章 内部監査事例

第1章ではまず，読者の皆様の疑問に答えるところから入りました．いかがでしたでしょうか．

この第2章では“内部監査事例”として皆様から頂く質問の多い“内部監査をやれとは言われたが，一体，どのように監査を進めたらよいのか．どのように報告書を記述して相手に合意をとればよいのか”という疑問に対する内容をまとめました．

2.1　不適合報告書・改善指摘報告書の読み方

内部監査では監査員が監査結果を監査所見として明確にし，不適合の場合には，これに対して被監査者が是正処置を行います．これらの活動については，証拠を残すために，不適合及び是正処置に関する記録を作成する必要があります．一般的には，不適合兼是正処置報告書などに不適合の内容と是正処置に関する情報を記載することが多いです．

内部監査員は，指摘した不適合に対して行われた是正処置が適切か否かを確認する役割をもっていますので，次に示す①～⑧の要素について確認することが大切です．確認の結果，是正処置について問題があれば，被監査者に改善の指示を行う必要があります．このような活動を実施するためには，内部監査員が是正処置に関する力量を保有することが必要となります（第3章参照）．

① 不適合の分析が行われているか（なぜなぜ分析の実施）
② 不適合の原因を明確にしているか
③ 類似の不適合の有無（水平展開が必要か否か），又はその不適合が発生する可能性を明確にしているか
④ 対策案は適切か（その場しのぎの対策になっていないか）
⑤ 対策案の評価・決定を行っているか［評価項目（効果，期間，コスト）を明確にする］
⑥ 対策の計画・進捗状況を管理しているか［計画（責任者，実施時期，完了時期，評価方法・時期）を明確にする］
⑦ ①～⑥の活動に関する有効性を評価しているか
⑧ 対策を標準化（プロセスの変更）しているか

2.2　不適合報告書と改善指摘報告書の事例分析

不適合兼是正処置報告書の事例を事例 1〜11 に示しますが．また，これらの事例の見方を次ページの例で示します．

事例の解説には，不適合兼是正処置報告書の事例 1〜11 の記載内容についての改善の方向性を明確にするため，その記載事例を

ステップ 1（標記した内容をこのように修正するとわかりやすい），

ステップ 2（このように修正するとよりよくなる）

に示していますので，これを参考にして不適合及び是正処置の効果を上げるようにするとよいでしょう．

不適合兼是正処置報告書

<table>
<tr><td>1</td><td>No.</td><td>事例0</td><td>2</td><td>監査実施日</td><td>2016年3月10日</td></tr>
<tr><td>3</td><td>被監査部門</td><td>製造部</td><td>4</td><td>監査リーダー</td><td>△△</td></tr>
<tr><td>5</td><td>監査目的
（監査範囲）</td><td colspan="4">2015年への適合を評価する．
（○○年○○月～○○年○○月）</td></tr>
<tr><td>6</td><td>不適合内容</td><td colspan="4">取決め事項：QC工程表，組立工程の作業手順書
客観的事実：ダブルチェックを行っていなかった．←❶
事実と要求事項の差異や関連：手順どおりにダブルチェックを行っていなかった．←❷
アドバイス：手順どおりに行うように教育・訓練してください．←❸</td></tr>
<tr><td>7</td><td>応急対策
内　容</td><td colspan="4">応急対策の完了予定年月日（　　年　　月　　日）
作業者に手順どおりに作業するように指示をした．←❹
（回答日）　年　　月　　日（被監査部門長）</td></tr>
<tr><td>8</td><td>再発防止
対策内容
（水平展開
含む）</td><td colspan="4">再発防止対策の完了予定年月日（　　年　　月　　日）
原因：忙しかったので，ダブルチェックをする時間がとれなかった．←❺
対策：手順どおり作業を行うように再教育した．←❻
（回答日）　年　　月　　日（被監査部門長）</td></tr>
<tr><td>9</td><td>フォローアップ
監査の要否</td><td>要　　否</td><td>10</td><td>フォローアップ
監査実施日</td><td>年　　月　　日</td></tr>
<tr><td>11</td><td>フォローアップ
監査結果
概　要</td><td colspan="4"></td></tr>
<tr><td>12</td><td>最終確認</td><td colspan="4">（最終確認日）　年　　月　　日（最終確認者）</td></tr>
</table>

この例の場合は，以下のとおりになります．❶～❻はこの事例に記載した番号に該当します．

❶　**ステップ 1**：○○部品の組立工程では，作業手順どおりにダブルチェックを行っていませんでした．

ステップ 2：○○部品組立工程の品質確認では，QC 工程表及び組立工程作業手順書どおりにダブルチェックを行っていませんでした．

❷　**ステップ 1**：組立後にダブルチェックを行うことが作業手順で決められているが，ダブルチェックを行っていませんでした．

ステップ 2：○○部品組立工程では，組立後の品質確認でダブルチェックを行うことが作業手順で決められているが，一人でチェックを行っていました．

❸　**ステップ 1**：ダブルチェックの重要性を指導することが大切です．

ステップ 2：ダブルチェックの方法を検討したほうがよいです．

❹　**ステップ 1**：作業者に手順どおりに行うように指示をし，ダブルチェックをしていなかった製品に問題がないかを確認しました．

ステップ 2：作業者に手順どおりに行うように指示をし，ダブルチェックをしていなかった製品に問題がないかを確認し，その後手順どおり行っているかを監視しました．

❺　**ステップ 1**：作業者が新人であったので，手順の理解不足となっていました．

ステップ 2：作業させる前に，作業手順どおり行えるかを監視していませんでした．

❻　**ステップ 1**：ダブルチェックを行っていることをリーダーが確認します．

ステップ 2：他の工程でダブルチェックの実施状況を確認し，問題がないことを確認しました．新人については，作業に従事させる前に作業手順どおり行えるかを監視し，問題がない場合には作業に従事させます．

不適合兼是正処置報告書

1	No.	事例1	2	監査実施日	2016年5月17日
3	被監査部門	○○技術部	4	監査リーダー	△△
5	監査対象 (監査範囲)	組織マネジメント プロジェクトの総合監理			
6	不適合内容	要求事項：JIS Q 9001:2015　6.1（リスク及び機会への取組み） 証拠：取り組む必要がある部署のリスク及び機会が決定されていない．←❶ （自部署のリスク一覧表が作成されていなかった.）			
7	応急対策 内　容	応急対策の完了予定年月日　(2016年6月17日) QMSリスクアセスメント手順書を参照し，自部署のリスク一覧表を作成した．←❷ (被監査部門長)　○○　○○			
8	再発防止 対策内容 (水平展開 含む)	再発防止対策の完了予定年月日　(2016年8月17日) 原因：JIS Q 9001:2015 6.1（リスク及び機会への取組み）の理解不足が原因であり，経営的な重要事項への対応を計画する際に何を考慮する必要があるかという意図が把握できていなかった．←❸ 対策：JIS Q 9001:2015 6.1（リスク及び機会への取組み）を，読み合わせし，優先順位付けをして，経営層が検討する戦略的なレベルで取組みを計画する意図を把握する．←❹ QMSリスクアセスメント手順書を参照し，自部署のリスク一覧表を作成し，計画立案を考慮する． (被監査部門長)　○○　○○			
9	フォローアップ 監査の要否	(要)　否	10	フォローアップ 監査実施日	2016年8月31日
11	フォローアップ 監査結果 概　要	JIS Q 9001:2015 6.1（リスク及び機会への取組み）が読み合わせされ，組織の品質マネジメントシステムに影響を与える可能性のある課題が検討され，優先順位付けをして，経営層が検討する戦略的なレベルで取組みを計画することを確認した．さらに，新年度の部署の品質目標及び品質計画に活かされていることを確認した.			
12	最終確認	経営的な重要事項への対応を計画する際に何を考慮する必要があるかが検討され，新年度の目標展開に活かされており，品質マネジメントシステムが有効に機能している． (管理責任者)　○○　○○			

［背　景］

リスク及び機会の取組みでは，QMSリスクアセスメント手順書に基づいて，自部署のリスクを抽出することになっていたが，抽出したリスクの一覧表が作成されていませんでした．

［解　説］

❶　必要な情報は含まれています．

❷　もう少し情報を追加したほうがよいでしょう．

ステップ1：QMSリスクアセスメント手順書を参照し，自部署のリスク一覧表を2016年●月●日に作成しました．

❸　理解不足が発生した原因の分析をもう一段掘り下げたほうがよいでしょう．

ステップ1：例えば，リスクアセスメントを行う要員にISO 9001改訂に伴ってQMSリスクアセスメント手順書の説明を行わなかったことが原因の一つに考えられます．

“経営的な重要事項への対応を計画する際に何を考慮する必要があるかという意図が把握できていなかった”という背景が記載されていることで，問題が明確にされています．

❹　具体的な考え方が記載されていますので理解の向上に役立ちます．これに伴い，フォローアップ監査結果と最終確認が明確にされています．

不適合兼是正処置報告書

<table>
<tr><td>1</td><td>No.</td><td colspan="2">事例2</td><td>2</td><td>監査実施日</td><td>2016年5月17日</td></tr>
<tr><td>3</td><td>被監査部門</td><td colspan="2">○○技術部</td><td>4</td><td>監査リーダー</td><td>△△</td></tr>
<tr><td>5</td><td>監査対象
(監査範囲)</td><td colspan="5">組織マネジメント
プロジェクトの総合監理</td></tr>
<tr><td>6</td><td>不適合内容</td><td colspan="5">要求事項：JIS Q 9001:2015　8.3.2（設計・開発の計画）
証拠：プロジェクトのリスクが抽出されておらず，またリスク対応が実施されていない．←❶
（プロジェクトのリスク一覧表が作成されていなかった．）</td></tr>
<tr><td>7</td><td>応急対策
内　容</td><td colspan="5">応急対策の完了予定年月日　(2016年6月17日)

QMSリスクアセスメント手順書を参照し，プロジェクトのリスク一覧表を作成した．←❷

(被監査部門長)　○○　○○</td></tr>
<tr><td>8</td><td>再発防止
対策内容
(水平展開
含む)</td><td colspan="5">再発防止対策の完了予定年月日　(2016年8月17日)
原因：JIS Q 9001:2015 8.3.2（設計・開発の計画）の理解不足が原因であり，設計・開発のアウトプットがその後のプロセスに与える影響は非常に大きいため，プロジェクトのリスクをあらかじめ計画を策定する際に，抽出し，リスク対応までの案を決めておく必要がある．←❸
対策：JIS Q 9001:2015 8.3.2（設計・開発の計画）を読み合わせし，設計・開発のアウトプットがその後のプロセスに与える影響が非常に大きいことを考慮し，計画時にプロジェクトのリスクの抽出とリスク対応を検討しておく．
QMSリスクアセスメント手順書を参照し，プロジェクトのリスク一覧表を作成し，計画立案を考慮する．←❹
(被監査部門長)　○○　○○</td></tr>
<tr><td>9</td><td>フォローアップ
監査の要否</td><td>(要)</td><td>否</td><td>10</td><td>フォローアップ
監査実施日</td><td>2016年8月31日</td></tr>
<tr><td>11</td><td>フォローアップ
監査結果
概　要</td><td colspan="5">JIS Q 9001:2015 8.3.2（設計・開発の計画）が読み合わせされ，計画段階でプロジェクトのリスクの抽出とリスク対応が検討されていることを確認した．さらに，プロジェクトの品質目標及び品質計画に活かされていることを確認した．</td></tr>
<tr><td>12</td><td>最終確認</td><td colspan="5">プロジェクトの重要事項への対応を計画する際に何を考慮する必要があるかが検討され，新しいプロジェクトの実施運用に活かされており，品質マネジメントシステムが有効に機能している．
(管理責任者)　○○　○○</td></tr>
</table>

［背　景］

プロジェクト総合監理マニュアルでは，業務遂行上のリスクを洗い出し，事前に対応策を講じることになっていましたが，リスクの洗い出し，及びリスク対応ができていませんでした．

［解　説］

❶ 必要な情報は含まれています．

❷ もう少し情報を追加したほうがよいでしょう．

ステップ1：QMSリスクアセスメント手順書を参照し，プロジェクトのリスク一覧表を2016年●月●日に作成しました．

❸ 理解不足が発生した原因の分析をもう一段掘り下げたほうがよいでしょう．

ステップ1：例えば，リスクアセスメントを行う要員にISO 9001改訂に伴ってQMSリスクアセスメント手順書の説明を行わなかったことが原因の一つに考えられます．

“設計・開発のアウトプットがその後のプロセスに与える影響が非常に大きいため，プロジェクトのリスクをあらかじめ計画を策定する際に，抽出し，リスク対応までの案を決めておく”という背景が記載されていることで，問題が明確にされています．

❹ 具体的な考え方が記載されていますので理解の向上に役立ちます．これに伴い，フォローアップ監査結果と最終確認が明確にされています．

不適合兼是正処置報告書

1	No.	事例3	2	監査実施日	2016年5月17日
3	被監査部門	○○技術部	4	監査リーダー	△△
5	監査対象 (監査範囲)	組織マネジメント プロジェクトの総合監理			
6	不適合内容	要求事項：JIS Q 9001:2015　8.3.4（設計・開発の管理） 証拠：中間レビューが開催されているが，その記録がない．←❶			
7	応急対策 内　容	応急対策の完了予定年月日　(2016年6月17日) 中間レビューの資料や，開催メール等を基に，記録を再現した．←❷ (被監査部門長)　○○　○○			
8	再発防止 対策内容 (水平展開 含む)	再発防止対策の完了予定年月日　(2016年8月17日) 原因：JIS Q 9001:2015 8.3.4（設計・開発の管理）の理解不足が原因であり，設計・開発のインプットに基づき進める設計・開発の段階の管理で，中間段階でのアウトプットが，インプットで規定された要求事項を満たしているかどうかの検証となるので，これらの活動についての文書化した情報の保持の認識が不足していた．←❸ 対策：JIS Q 9001:2015 8.3.4（設計・開発の管理）を読み合わせし，中間段階においてもアウトプットが，インプットの要求事項を満たすことを確実にするための検証活動の重要性や文書化した情報の保持の必要性を理解した．←❹ (被監査部門長)　○○　○○			
9	フォローアップ 監査の要否	(要)　否	10	フォローアップ 監査実施日	2016年8月31日
11	フォローアップ 監査結果 概　要	JIS Q 9001:2015 8.3.4（設計・開発の管理）が読み合わせされ，段階ごとのレビューの実施を確認した．さらに，その都度の活動についての文書化した情報が保持されていることを確認した．			
12	最終確認	プロセスの管理の基本であるインプットの管理，プロセス，やり方の管理，最終結果の管理が忠実に実施され，これらの活動についての文書化した情報が保持されている． 設計・開発の管理が，プロジェクトの実施運用に活かされており，品質マネジメントシステムが有効に機能している． (管理責任者)　○○　○○			

［**背　景**］

プロジェクト総合監理マニュアルでは，段階ごとのレビューにおいて，記録として残すことを必須としていましたが，中間レビューの記録を漏らしていました．

［**解　説**］

❶　もう少し情報を追加したほうがよいでしょう．

ステップ1：●●製品について●月●日に中間レビューが開催されていますが，その記録がありません．

ステップ2：●●製品について●月●日に中間レビューが開催されていますが，その記録が作成されていません．

❷　過去の情報を基に記録を作成していることは大切なことです．

ステップ1：記録が作成されなかったことでパフォーマンスに問題がなかったか否かを確認するとよいでしょう．

❸　理解不足が発生した原因の分析をもう一段掘り下げたほうがよいでしょう．

ステップ1：例えば，中間レビューの記録作成を監視する仕組みがありませんでした．

“設計・開発のアウトプットがその後のプロセスに与える影響が非常に大きいため，プロジェクトのリスクをあらかじめ計画を策定する際に，抽出し，リスク対応までの案を決めておく”という背景が記載されていることで，問題が明確にされています．

❹　再発防止を考えてもう少し情報を追加したほうがよいでしょう．

ステップ1：最終レビューで中間レビューの結果のフォローをします．

不適合兼是正処置報告書

1	No.	事例4	2	監査実施日	2016年5月17日
3	被監査部門	○○技術部	4	監査リーダー	△△
5	監査対象 (監査範囲)	組織マネジメント プロジェクトの総合監理			
6	不適合内容	要求事項：JIS Q 9001:2015 8.5.1（製造及びサービス提供の管理） 証拠：ヒューマンエラーによる設計エラーの多発←❶			
7	応急対策 内　容	応急対策の完了予定年月日　（2016年6月17日） チェック・照査体制の整備←❷ (被監査部門長)　○○　○○			
8	再発防止 対策内容 (水平展開 含む)	再発防止対策の完了予定年月日　（2016年8月17日） 原因：業務過多による自己チェック及び照査の不備←❸ 対策：管理する物件数の適正化，チェック・照査体制の整備←❹ (被監査部門長)　○○　○○			
9	フォローアップ 監査の要否	(要)　否	10	フォローアップ 監査実施日	2016年8月31日
11	フォローアップ 監査結果 概　要	業務過多を是正するため，1人当たりが管理する物件数を適正化し，さらにチェック・照査体制が整備されて，ヒューマンエラーによる設計エラーが減少している．			
12	最終確認	平均受注額が増加し，1人当たりが管理する物件数が適正化され，さらにチェック・照査体制が整備されて，ヒューマンエラーによる設計エラーが減少している．←❺ (管理責任者)　○○　○○			

［背　景］

プロジェクト総合監理マニュアルでは，チェックと照査を義務付けていましたが，業務の過多により，チェックと照査ができないプロジェクトがありました．

［解　説］

❶　もう少し情報を追加したほうがよいでしょう．

ステップ1：ヒューマンエラーによる設計エラーが●●件/月発生しています．

ステップ2：●●プロジェクトでは，ヒューマンエラーによる設計エラーが●●件/月発生しています．

❷　少し表現を変更したほうがよいでしょう．

ステップ1：チェックと照査を確実に実施していることを●●が確認します．

❸　原因の分析をもう一段掘り下げたほうがよいでしょう．

ステップ1：例えば，業務量の監視が行われていません．

❹　再発防止につながる対策がとられています．

ステップ1：チェック・照査体制の整備の内容をもう少し詳しく記載するとよいでしょう．

❺　もう少し情報を追加したほうがよいでしょう．

平均受注額が増加し，1人当たりが管理する物件数が適正化され，さらにチェック・照査体制が整備されて，ヒューマンエラーによる設計エラー件数が○○％減少しています．

不適合兼是正処置報告書

1	No.	事例5	2	監査実施日	2016年5月17日
3	被監査部門	○○技術部	4	監査リーダー	△△
5	監査対象 (監査範囲)	組織マネジメント プロジェクトの総合監理			
6	不適合内容	要求事項：JIS Q 9001:2015 8.4（外部から提供されるプロセス，製品及びサービスの管理） 証拠：体調不良による労災事故（外注業者の作業員）←❶			
7	応急対策 内　容	応急対策の完了予定年月日　(2016年6月17日) 外注業者の現地での健康状態の確認←❷ (被監査部門長)　○○　○○			
8	再発防止 対策内容 (水平展開 含む)	再発防止対策の完了予定年月日　(2016年8月17日) 原因：現地での健康状態の確認不足←❸ 対策：自主健康管理の徹底，危険予知活動の実施，健康診断の実施←❹ (被監査部門長)　○○　○○			
9	フォローアップ 監査の要否	(要)　否	10	フォローアップ 監査実施日	2016年8月31日
11	フォローアップ 監査結果 概　要	健康管理の徹底及び危険予知活動の実施により，外注業者の現場作業での事故がゼロとなっている．			
12	最終確認	現場作業者の健康診断実施率100%，危険予知活動の完全実施により，労災事故ゼロが厳守されている．←❺ (管理責任者)　○○　○○			

［背　景］

プロジェクト総合監理マニュアルでは，購買先の安全管理体制について記載されていましたが，現場作業での指導に不備がありました．

［解　説］

❶　もう少し情報を追加したほうがよいでしょう．情報として，いつ，どこで，誰が，どのような，という内容があるとわかりやすいです．

ステップ1：体調不良による労災事故（外注業者の作業員）が●●月●●日に発生していました．

ステップ2：体調不良による労災事故（外注業者の作業員）が●●月●●日に●●現場で発生していました．

❷　必要な情報が含まれています．

❸　原因の分析をもう一段掘り下げたほうがよいでしょう．

ステップ1：健康状態を確認する仕組みがありませんでした．

❹　再発防止につながる対策がとられています．

❺　再発防止対策の実施状況に関するデータが示されていることでパフォーマンスの有効性が明確になっています．

不適合兼是正処置報告書

<table>
<tr><td>1</td><td>No.</td><td>事例6</td><td>2</td><td>監査実施日</td><td>2016年3月10日</td></tr>
<tr><td>3</td><td>被監査部門</td><td>購買課</td><td>4</td><td>監査リーダー</td><td>△△</td></tr>
<tr><td>5</td><td>監査目的</td><td colspan="4">手順の実施状況の確認</td></tr>
<tr><td>6</td><td>不適合内容</td><td colspan="4">取決め事項：購買管理規程（3.2 供給者の評価）
客観的事実：○○工業の評価の記録が漏れている．←❶
事実と要求事項の差異や関連：手順では年1回供給者の評価を行うことになっているが，○○工業の評価を実施していない．←❷</td></tr>
<tr><td>7</td><td>応急対策
内　容</td><td colspan="4">応急対策の完了予定年月日　（2016年3月12日）

○○工業の評価を実施する．←❸

（回答日）2016年3月11日　（被監査部門長）　○○課長</td></tr>
<tr><td>8</td><td>再発防止
対策内容
（水平展開
含む）</td><td colspan="4">再発防止対策の完了予定年月日　（2016年3月20日）

原因：担当者が○○工業の評価を忘れていた．←❹

対策：作業者に注意した．←❺

（回答日）2016年3月11日　（被監査部門長）　○○課長</td></tr>
<tr><td>9</td><td>フォローアップ
監査の要否</td><td>要　（否）</td><td>10</td><td>フォローアップ
監査実施日</td><td>年　　月　　日</td></tr>
<tr><td>11</td><td>フォローアップ
監査結果
概　要</td><td colspan="4"></td></tr>
<tr><td>12</td><td>最終確認</td><td colspan="4">（最終確認日）　年　　月　　日　（最終確認者）</td></tr>
</table>

［背　景］

購買フローでは，年1回購買担当者が供給者の能力評価をすることになっていましたが，○○工業の能力評価を漏らしていました．

［解　説］

❶　いつの情報から判断したのかがわかるとよいでしょう．

ステップ1：○○工業の今年の評価の記録が作成されていません．

ステップ2：供給者評価一覧表に○○工業が含まれていません．

❷　もう少し情報を追加したほうが理解しやすいでしょう．

ステップ1：手順では年1回供給者の評価を行い，その結果を供給者評価一覧表に記載することになっていますが，○○工業が供給者評価一覧表に記載されていません．

❸　もう少し情報を追加したほうが理解しやすいでしょう．

ステップ1：○○工業の評価を実施し，その結果を供給者評価一覧表に記録します．

ステップ2：○○工業の評価を実施し，その結果を供給者評価一覧表に記録し，製品品質に問題がないかを検討します．

❹　原因の分析をもう一段掘り下げたほうがよいでしょう．

ステップ1：評価をする予定であったが，忘れていました．

ステップ2：評価する時期が2月末となっていたが，確認する方法が決まっていませんでした．

❺　同じ作業ミスが発生しないような方法を検討したほうがよいでしょう．

ステップ1：月間の作業予定表を作成します．

ステップ2：月間の作業予定表を作成し，その結果を課長が進捗状況を確認します．

不適合兼是正処置報告書

<table>
<tr><td>1</td><td>No.</td><td>事例7</td><td>2</td><td>監査実施日</td><td>2016年3月10日</td></tr>
<tr><td>3</td><td>被監査部門</td><td>製造課</td><td>4</td><td>監査リーダー</td><td>△△</td></tr>
<tr><td>5</td><td>監査目的</td><td colspan="4">手順の実施状況の確認</td></tr>
<tr><td>6</td><td>不適合内容</td><td colspan="4">取決め事項：品質管理会議（1月）
客観的事実：組立工程でポカミス対策を行っていない．←❶
事実と要求事項の差異や関連：品質会議でポカミス対策を行うと決めていたが，実施されていない．←❷
アドバイス：不良が出ないように早急に対策をしてください．←❸</td></tr>
<tr><td>7</td><td>応急対策
内　容</td><td colspan="4">応急対策の完了予定年月日　（2016年3月15日）

品質管理課と相談してポカミス対策を行う．←❹

（回答日）2016年3月11日　（被監査部門長）　○○課長</td></tr>
<tr><td>8</td><td>再発防止
対策内容
（水平展開
含む）</td><td colspan="4">再発防止対策の完了予定年月日　（2016年3月15日）

原因：来月の品質会議までにポカミス対策を完了すれば十分と考えていたので，改善の取組み時期が遅れてしまった．←❺
対策：品質会議で指摘された内容を職場の白板に記入して見える化する．←❻❼

（回答日）2016年3月11日　（被監査部門長）　○○課長</td></tr>
<tr><td>9</td><td>フォローアップ
監査の要否</td><td>㊙要（丸囲み）　否</td><td>10</td><td>フォローアップ
監査実施日</td><td>2016年3月20日</td></tr>
<tr><td>11</td><td>フォローアップ
監査結果
概　要</td><td colspan="4">組立工程のポカミス対策は計画どおり実施されていた．</td></tr>
<tr><td>12</td><td>最終確認</td><td colspan="4">不適合の指摘と是正処置活動に問題はない．

（最終確認日）2016年3月25日　（最終確認者）　○○課長</td></tr>
</table>

［背　景］

1月の品質会議で組立工程の不良対策としてポカミス対策をとると決めていましたが，製造課の改善計画の管理が不十分でした．

［解　説］

❶　もう少し情報を追加するよいでしょう．

ステップ1：組立工程Aでポカミス対策を行っていません．

❷　もう少し情報を追加するとよいでしょう．

ステップ1：1月の品質会議では，組立工程Aでポカミス対策を行うと決めていたが，実施されていません．

ステップ2：1月の品質会議の記録では，組立工程Aでポカミス対策を行うと決めていたが，計画どおりに実施されていません．

❸　品質会議のフォローについての情報を追加するとよいでしょう．

ステップ1：改善計画の管理方法を検討してください．

❹　対策決定から現時点までポカミスについての情報を追加するとよいでしょう．

ステップ1：組立工程Aの2月と3月のポカミスは2件発生していました．

❺　もう一段“なぜ”を考えるとよいでしょう．

ステップ1：改善計画の管理の方法が決まっていませんでした．

❻　計画を見える化することは効果があります．

❼　水平展開の情報を追加するとよいでしょう．

ステップ1：製造課では他のポカミス対策で必要なものはありません．

不適合兼是正処置報告書

1	No.	事例8	2	監査実施日	2016年7月10日
3	被監査部門	製造課	4	監査リーダー	△△
5	監査目的	手順の実施状況の確認			
6	不適合内容	取決め事項：品質マニュアル（6.2 施策の計画） 客観的事実：品質目標を達成するための計画が不明確である．←❶ 事実と要求事項の差異や関連：各課では品質目標を達成するための実施方法を決めることになっているが，変更管理が行われていない．←❷			
7	応急対策内容	応急対策の完了予定年月日　（2016年7月15日） 手順に従って，実施方法を決める． （回答日）2016年7月12日　（被監査部門長）　○○課長			
8	再発防止対策内容（水平展開含む）	再発防止対策の完了予定年月日　（2016年7月20日） 原因：現在の実施方法で目標を達成できると考えていたので，変更を行わなかった．←❸ 対策：目標達成計画を修正する．←❹ （回答日）2016年7月25日　（被監査部門長）　○○課長			
9	フォローアップ監査の要否	要　(否)	10	フォローアップ監査実施日	年　月　日
11	フォローアップ監査結果概要				
12	最終確認	目標達成計画の確認を行うとともに，品質マニュアルの改訂を行った． （最終確認日）2016年8月3日　（最終確認者）　△△部長			

［背　景］

製造課では工程内不良率の目標を年度当初に0.05％以下としていました．しかし，顧客の要求に基づいて6月に0.03％以下にすることを決めましたが，これを達成するための実施方法が具体的なものになっていませんでした．

［解　説］

❶ もう少し情報を追加するとよいでしょう．

ステップ1：工程内不良率の目標を0.03％以下にするための実施方法が明確になっていません．

ステップ2：工程内不良率の目標を0.03％以下にするための実施方法を作成していません．

❷ もう少し情報を追加するとよいでしょう．

ステップ1：各課では品質目標を達成するための実施方法を決める手順になっていますが，顧客の要求に基づいた変更管理が行われていません．

ステップ2：各課では品質目標を達成するための実施方法を決める手順になっていますが，6月に工程内不良率の目標を顧客の要求に基づいて0.03％以下に変更したにもかかわらず，これを達成するための実施方法が決められていません．

❸ もう一段“なぜ”を考えるとよいしょう．

ステップ1：工程内不良率の目標を0.03％以下にするための実施方法と現状の実施方法とについて評価する手順になっていませんでした．

❹ 仕組みの変更を考えるとよいでしょう．

ステップ1：年度途中で目標が変更になった場合の手順を品質マニュアルに追加します．

不適合兼是正処置報告書

1	No.	事例9	2	監査実施日	2016年7月9日
3	被監査部門	製造部	4	監査リーダー	△△
5	監査目的	手順の実施状況の確認			
6	不適合内容	取決め事項：製造品質会議 客観的事実：ヒューマンエラー防止のための活動が行われていなかった．←❶ 事実と要求事項の差異や関連：ヒューマンエラー防止のための活動を行っていたが，昨年発生したヒューマンエラーへの対応が行われていない．←❷			
7	応急対策内容	応急対策の完了予定年月日　(2016年7月13日) 至急対応を検討する．←❸ (回答日) 2016年7月10日　(被監査部門長)　××課長			
8	再発防止対策内容（水平展開含む）	再発防止対策の完了予定年月日　(2016年7月15日) 原因：会議後に対応する予定であったが，忘れてしまった．←❹ 対策：会議の前に前回までの持ち越しの案件をレビューすることとした．←❺ (回答日) 2016年7月18日　(被監査部門長)　××課長			
9	フォローアップ監査の要否	要　㊅	10	フォローアップ監査実施日	年　月　日
11	フォローアップ監査結果概要				
12	最終確認	再発防止対策が確実に行われていることを8月の製造会議議事録で確認した．←❻ (最終確認日) 2016年8月30日　(最終確認者)　△△管理責任者			

［背　景］

ヒューマンエラー対策については2015年対応で行うわけではなく，既に従来から実施していたのですが，管理方法が明確になっていなかったので対策の漏れが発生しました．

［解　説］

❶ もう少し情報を追加するとよいでしょう．

ステップ1：1か月以内に実施すると決めていたヒューマンエラー防止のための活動が行われていませんでした．

❷ もう少し情報を追加するとよいでしょう．

ステップ1：ヒューマンエラー防止のための活動を行っていたのですが，昨年9月に発生した加工ミスに対するヒューマンエラーへの対応が行われていません．

ステップ2：昨年10月の製造品質会議で加工ミスに対するヒューマンエラー対策を行うことを決めていましたが，この件に対して実施されていません．

❸ もう少し情報を追加するとともに水平展開も考えるとよいでしょう．

ステップ1：至急対応を検討し，ヒューマンエラー対策を行います．

ステップ2：ほかにもヒューマンエラー対策の漏れがないかを確認した結果，昨年12月にも1件あったので，これについての対応もあわせて，至急対応を検討し，ヒューマンエラー対策を行います．

❹ もう一段“なぜ”を考えるとよいでしょう．

ステップ1：会議後のフォローをする仕組みがありませんでした．

❺ プロセス改善につながる対策になっており効果的です．

❻ プロセスが機能しているかを確認しており適切です．

不適合兼是正処置報告書

1	No.	事例 10	2	監査実施日	2016年7月9日
3	被監査部門	営業課	4	監査リーダー	△△
5	監査目的	手順の実施状況の確認			
6	不適合内容	取決め事項：月次管理打合せ議事録（5月） 客観的事実：営業日報の提出状況を把握していない．←❶ 事実と要求事項の差異や関連：営業日報の提出時期を決めているが，これを測定していない．←❷ アドバイス：目標の達成状況を管理してください．			
7	応急対策内容	応急対策の完了予定年月日　(2016年7月12日) 営業日報の提出日達成率を計算する．←❸ (回答日) 2016年7月10日　(被監査部門長)　××課長			
8	再発防止対策内容(水平展開含む)	再発防止対策の完了予定年月日　(2016年7月15日) 原因：営業要員数が少ないので，毎日見ていればわかると考え，月末にまとめて計算すればよいと考えていた．←❹ 対策：営業日報提出率を折れ線グラフに記載する．←❺❻ (回答日) 2016年7月18日　(被監査部門長)　××課長			
9	フォローアップ監査の要否	要　㊀否	10	フォローアップ監査実施日	年　月　日
11	フォローアップ監査結果概要				
12	最終確認	営業日報提出率の折れ線グラフを確認した． (最終確認日) 2016年7月25日　(最終確認者)　△△部長			

［背　景］

営業課では，営業日報の提出時期を翌営業日10時までと決めていますが，これが守られないため，情報遅れで顧客から苦情を受けていました．このため，提出日達成率の目標を90％以上として毎日管理することになっていました．

［解　説］

❶　もう少し情報を追加するとよいでしょう．

ステップ1：営業日報の提出日に関するデータを収集していません．

ステップ2：営業日報の翌営業日10時までの提出日達成率を算定していません．

❷　要求事項に関する情報をもう少し追加するとよいでしょう．

ステップ1：営業日報の翌営業日10時までの提出日達成率を測定することになっていますが，測定が行われていません．

❸　達成状況を見える化するとよいでしょう．

ステップ1：営業日報の提出日達成率を計算し，折れ線グラフに記入します．

❹　もう一段"なぜ"を考えるとよいでしょう．

ステップ1：毎日管理する方法を決めていませんでした．

❺　原因についての対策が必要です．

ステップ1：データを収集する際には，事前に測定の方法，測定の時期を明確にします．

❻　水平展開を考えるとよいでしょう．

ステップ1：各課でも発生する可能性があるので，品質マニュアルに事前の検討に関する手順を追加します．

不適合兼是正処置報告書

1	No.	事例 11	2	監査実施日	2016年7月9日
3	被監査部門	ISO 事務局	4	監査リーダー	△△
5	監査目的	手順の実施状況の確認			
6	不適合内容	取決め事項：教育訓練規程（4.3 力量の明確化） 客観的事実：内部監査員の力量が変更されていない．←❶ 事実と要求事項の差異や関連：内部監査員の力量を明確にする手順になっているが，監査員の力量の記録が作成されていない．←❷			
7	応急対策内容	応急対策の完了予定年月日　（2016年7月13日） 内部監査員の知識を明確にした．←❸ （回答日）2016年7月10日　（被監査部門長）　××課長			
8	再発防止対策内容（水平展開含む）	再発防止対策の完了予定年月日　（2016年7月15日） 原因：品質マニュアルの作成に時間がとられ，内部監査員の力量についての検討が遅れた．←❹ 対策：知識が不足している内部監査員の教育を行う．←❺ （回答日）2016年7月18日　（被監査部門長）　××課長			
9	フォローアップ監査の要否	要　㊍否	10	フォローアップ監査実施日	年　月　日
11	フォローアップ監査結果概要				
12	最終確認	教育訓練が行われていることを確認した．←❻ （最終確認日）2016年8月10日　（最終確認者）　△△管理責任者			

［背　景］

内部監査員の力量は，知識と技能に関して力量一覧表が作成されていましたが，2015年版対応に関する力量一覧表の見直しがされていませんでした．

［解　説］

❶　もう少し情報を追加するとよいでしょう．

ステップ1：内部監査員の知識が変更されていません．

❷　もう少し情報を追加するとよいでしょう．

ステップ1：内部監査員の力量を明確にする手順になっていますが，2015年版への対応が行われていません．

ステップ2：内部監査規程では，内部監査員の知識を明確にする手順になっています．しかし，2015年版への知識の追加が必要であると移行計画に記載されていましたが，内部監査員の知識が変更されていませんでした．

❸　もう少し情報を追加するとよいでしょう．

ステップ1：2015年版で追加する知識を内部監査員力量一覧表に追加し，評価を行いました．

❹　もう一段“なぜ”を考えるとよいでしょう．

ステップ1：移行計画の進捗管理が不十分でした．

ステップ2：移行計画の進捗状況の評価時期を決めていませんでした．

❺　プロセス改善につながる対策を考えるとよいでしょう．

ステップ1：内部監査に関する計画を策定する際には，実施事項の評価方法を計画表に記載します．

❻　プロセスが機能しているかを確認するとよいでしょう．

ステップ1：教育訓練計画の中に評価方法が明確になっていることを確認し，知識を保有していることを確認しました．

2.3　不適合，改善指摘及び是正処置の書き方

2.3.1　不適合の書き方

内部監査員は，不適合が発生した場合には不適合報告書を作成する必要があります．不適合報告書は，図 2.1 に示すように手順や手順書（監査基準）と記録や業務の実施状況（監査証拠）を明確にすることで，是正処置が適切に行われることになるので必要な情報を漏れなく記述することが大切です．なぜならば，不適合の内容が不十分な場合，被監査者が監査員の意図したことと違う是正処置を行う危険が考えられるからです．

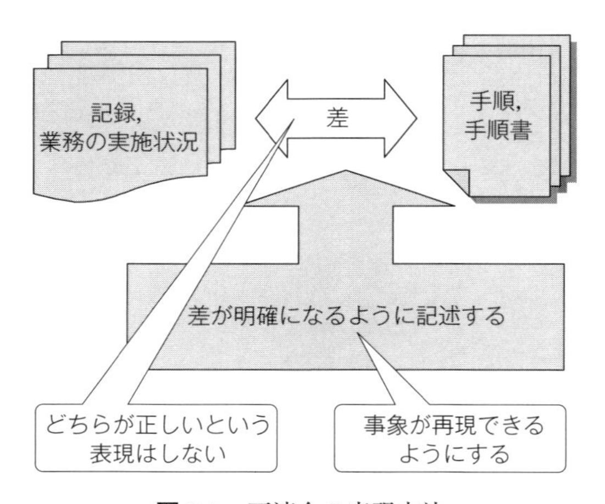

図 2.1　不適合の表現方法

(1)　不適合の内容

不適合の内容は，被監査者だけでなく第三者も確認するため，判断しやすい表現にすることが大切です．このため，次に示す事項に着目することが大切です．

(a)　事実が再現できるように記述する．

証拠は明確に示さなければならないので，再現性が要求されます．

(b)　監査基準と実態のギャップが明確になるように記述する．

監査基準と実態のギャップが問題であるので，これが明白に理解できること

が重要です．

(c)　監査基準が正しい方法とか実態が正しい方法であるといった記述はしない．

どちらが正しいかは被監査者が考えることであり，監査員が判断することではありません．

(2)　監査基準

監査基準は，次のように規程，手順，又は要求事項などを明確に記述するとよいでしょう．

- “○○規程では～する”こととなっていますが
- “○○を実施する手順では～する”こととなっていますが
- “作業手順を作業者に確認したところ，作業は～する”こととなっていますが
- “○○法では～する”こととなっていますが
- “○○社の要求事項では～する”こととなっていますが
- “今年度の事業方針では～する”こととなっていますが

(3)　監査証拠

監査証拠は，客観的証拠を提示することによって要求事項が満たされていることを証明する必要があるため，客観的証拠を見つけ出すことが内部監査員に要求されます．しかし，客観的証拠に必要な情報が適切に示される必要があるにもかかわらず，何の記録なのか，いつの記録なのかがわかる情報を記載していない場合が多いです．監査員と被監査者との間では監査所見について内容がわかっていても，これを管理する人々が理解できるようにしておくことが大切です．このため，監査証拠は，トレースできるように記述することが基本です．

監査証拠が不足している例として，次の事例があります．

- “○○記録が作成されていない”としか記述されていないので，作成された時期やNo.に関する情報が不足している．

・“作業者の説明では”としか記述されていないので，誰から説明があったのかの情報が不足している．

したがって，証拠は次に示すように，具体的に記録名，日などの情報を明確に記述するとよいでしょう．

・是正処置報告書 No. ○○では
・すべての作業日報では
・○月○日実施の検査報告書では
・作業者が○○と説明したが
・掲示板に○○が掲示してあり
・適合品置き場に製造番号○○の不適合品が置かれていた

以上の点に注意して次に示す不適合の事例を分析してみます．

(4)　不適合の事例

事例 1：最終検査で検査者は限度見本を使用していなかった．

この表現では事象しか記述されておらず，“いつ，何を”が不明確であるとともに監査基準が記述されていないので，次のように記述するとよいでしょう．

● “QC 工程図（A-001）では，最終検査で限度見本を使用することになっているが，3月10日の監査対象の製品Cでは検査者Aは限度見本（012）を使用していなかった”

事例 2：倉庫管理手順では，部品は先入れ・先出しを行うこととなっているが，5月10日の購入部品が10個あるにもかかわらず，5月20日の購入部品を20個使用していた．

この表現では，部品名が記述されていないなど一部情報が不足していますので，次のように記述するとよいでしょう．

● “倉庫管理手順（Q 15）では，部品は先入れ・先出しを行うこととなっているが，部品Aでは5月10日の購入部品が10個あるにもかかわらず，5月20日の購入部品を20個使用していたことが管理表に記入されていた”

2.3.2　改善指摘の書き方

監査所見は不適合だけではありません．監査所見は，“収集された監査証拠を，監査基準に対して評価した結果”と定義されています．したがって，評価した結果，要求事項を満たしていない事実（不適合），要求事項は満たしているが更によくしたほうがよいという事実（改善指摘），他部門へ展開できる優れた事実（実践事例）が検出される場合がありますので，これに関する記録もQMSの活動の評価として大切な情報になります．

以下に改善指摘の例を示します．

事例1： 工程内で作業ミスを防止するためにダブルチェックを行っていますが，1人でチェックができるような方法に変更すると効果的です．

事例2： デザインレビューに必要な資料の配付を4日前と決めていますが，検討時間を考えてもう少し余裕をもたせた日数にしたほうがよいでしょう．

事例3： データ分析を手計算していますが，効率的になるようにソフトを使用して分析したほうがよいでしょう．

事例4： ISO 9001:2015の肝は，プロセスアプローチです．そこで，内部監査の有効性向上のために，プロセスアプローチによる監査を期待します．

2.3.3　是正処置の書き方

被監査者は，内部監査員が提出した不適合に対して是正処置を行う必要があります．この是正処置が適切に行われなければ不適合が再発することがあり得ますので，不適合の分析，原因追究，水平展開を適切に行うために，それぞれの内容について有効性のレビューを行うことが重要となります．

以下に不適合に対する是正処置の内容とその問題点を示します．

事例１

①不適合内容
“目標の実績管理，及び内部監査における不適合に対する再発防止は，効果の有効性の確認を行うこと”と再発防止管理規程に規定されているが，効果の有効性確認が実施されていないものが３件（再発防止報告書 No.12, 22, 35）あった．
②不適合の処置
３件について効果の有効性確認を行った．
③再発防止
（原　因）　再発防止の確認と同時に効果確認レビューを行っていたが，“効果の有効性確認を行った”という記入が漏れていた． （再発防止策）　再発防止書のフォーマットを効果確認レビューが確実にできるように変更する．

不適合の処置の問題点	・有効性の確認内容が記載されていません． ・監査対象範囲の再発防止報告書の確認を行ったのかが記載されていません．
原因の問題点	なぜ，記録が漏れたのかの原因が追究されていません．
再発防止策の問題点	原因が特定されていませんので，その場しのぎの対策になっています．

事例 2

①不適合内容
クレーム報告書（2016 年 3 月 10 日発行 No.4）では，限度見本を作成し，中間検査場所に設置することになっている．しかし，限度見本を提示するよう指示したが，提示されなかった．
②不適合の処置
限度見本を検査場所に置いた．
③再発防止
（原　因）　限度見本の保管場所がわからなくなってしまった． （再発防止策）限度見本を中間検査場所の机に置いた．

不適合の処置の問題点	限度見本がどこにあったのかが記載されていません． 他の限度見本は問題なかったのかが記載されていません．
原因の問題点	なぜ，検査場所に置かれていなかったのかの原因が追究されていません．
再発防止策の問題点	机に置くというのは修正処置であり，この対策ではプロセスの改善につながっていませんので，再発の可能性があります．

事例3

①不適合内容

設計開発規程では，仕様打合せ議事録には参加メンバーを記載するとなっているが，10月2日の打合せの議事録には，参加メンバーが記載されていませんでした．

②不適合の処置

打合せの出席者を記入しました．

③再発防止

（原　因）　打合せの出席者の記入欄に記載するのを忘れたため，未記入となってしまいました．

（再発防止策）　担当者に今後このようなことがないように気を付けるように注意喚起しました．

不適合の処置の問題点	検出されたのはサンプリングであるため，母集団の調査が必要です． 他の記録には漏れがなかったか否かの情報が記載されていません．
原因の問題点	なぜ，忘れたのかの原因が特定されていません．ルールを知らならなったのか，知ってはいたが確認をしなかったのか，記録を監視していなかったのかなどについて検討がされていません．
再発防止策の問題	原因となったプロセスについて検討されていませんので，修正処置になっています．

2.4　内部監査の着眼点

2.4.1　内部監査は現状の自社の健康診断（健康な箇所は褒めよう！）

内部監査は得てしてその部署の問題点を見つけることに終始すること，言い方を変えると粗探しする傾向があります．

そこで，次のように着眼点を変えてみてはいかがでしょうか．

① 監査の雰囲気づくり

同じ会社の社員どうしが監査を行うのですから，本音や弱みが言い合えると思います．こんな監査環境づくりが結構大切だと思います．

② 監査で見つけた，よかったプロセス

会社の中で横展開したいよい事例があれば，褒めた上で，記録に残しましょう．

③ 監査指針の所見

内部監査の重要な記録として，監査指針に対して結果がどうであったかを記録することで，会社としても強みや弱みや部門としての強みや弱みの分析に役立ちます．このような情報こそ，経営者が必要な情報だと思います．

④ 監査員としての気づきやアドバイス

監査対象部署が困っていることや悩んでいることに対して，解決になるようなヒントを気づきやアドバイスとして提供してはいかがでしょうか．

このようなことを盛り込んだ“内部監査報告書”の事例を紹介します．

監査報告書

<table>
<tr><td>監査対象部門</td><td>営業部</td><td>報告者</td><td>□□</td></tr>
<tr><td>出席者</td><td>○○役員，
△△課長，◇◇</td><td>監査日時</td><td>2016年3月3日</td></tr>
<tr><td>項　目</td><td colspan="3">内　容</td></tr>
<tr><td>監査の雰囲気</td><td colspan="3">1. プロセス改善のヒントを見つける本音の監査ができていた．
2. 監査の文書，記録はパソコン内にあり，事実確認に手間どった．</td></tr>
<tr><td>監査の結果</td><td colspan="3">1. よかったQMS・プロセスのマネジメントの検証結果
(1)　人財育成（7.2 力量，7.3 認識）
営業部の個人ごとの人財育成計画に基づき成長に結び付く面談ができていた．
2. 不適合・改善のQMS・プロセスのマネジメントの検証結果
⇒監査指摘・是正・改善達成報告書で指示ください．
(1)　改善指摘（6. 計画 6.1 リスクと機会）
来期の売上げ目標達成計画が順調（楽観的）にいくことを前提にしており，うまくいかない場合（9転び10起き）のことを想定した計画になっていない．</td></tr>
<tr><td rowspan="2">監査所見

・指針の適合性
・気づき事項
・アドバイス</td><td colspan="3">【監査指針への適合性】
1. 部門の主要プロセスの有効性を検証する．
今期の売上げ目標達成のプロセス（計画，運用，進捗管理）のPDCAが回っており，有効と判断する．（適合）
2. 計画段階の“リスクと機会”の認識を検証する．
営業部の主要プロセスである売上げ目標の達成プロセスで来期の売上げ目標達成計画では“リスクと機会”の認識と対応の改善が必要．（改善）
3. 人財育成の取組みの有効性を検証する．
個人ごとの力量を向上さす人財育成計画に基づき成長に結び付く対話ができているので有効であると判断する．（適合）</td></tr>
<tr><td colspan="3">【アドバイス】
売上げ目標達成プロセスの“リスクと機会”とは，次の視点で検討ください．
(1)　リスク
売上げ目標達成の障害になることを洗い出し，この障害を予防する方策やリスクが発生した場合の処置を決め，計画に盛り込んでください．
(2)　機会
売上げ目標を更に上げるためのチャンスを洗い出し，その方策を計画に盛り込んでください．
(3)　対象のテーマ選定
売上げ目標達成のためにポイントとなるテーマについて上記“リスクと機会”への対応を検討ください．</td></tr>
</table>

内部監査指摘・是正・改善達成報告書

監査日時：2016 年 3 月 3 日

監査対象部門：営業部

出席者：○○役員，△△課長，◇◇

監査員：□□品質保証部長，××技術部 GL

監査指針

1. 主要プロセスの有効性を検証する．
2. 計画段階の“リスクと機会”の認識を検証する．
3. 人財育成の取組みの有効性を検証する．

↓是正／改善／コメントのいずれかを記入

No.	指摘の事実と課題，改善要求事項（監査員が記入）	区分	対象部門	指摘事項への主な対応（対象部門が記入）※下段：フォローアップ監査時コメント	納期	フォローアップ
①	6.1 リスクの機会 来期の売上げ目標達成計画が，営業部のもくろみどおりに想定した内容の記述であり，もしもくろみどおりいかない場合やもう少し目標を高くするための方策について記述がなかった． ⇒計画は運用を開始すると様々な障害が起きるのが常です．そのためのリスクと機会の対応の方策について口頭でお聞きしましたので，この内容を盛り込んで，計画の有効性を高めてください． (□□，××)	改善	営業部	マネジメントは目標ありき，計画ありきと再認識しました． ⇒監査員の指摘どおり，計画段階でリスクと機会を検討し，具体的な方策を盛り込み，なんとしても目標達成できる計画を立てるようにします．さらに今後の計画は，計画段階で進捗管理の内容を盛り込むようにします．(△△)	3月25日	次回内部監査
②						

2.4.2 内部監査の確認方法は機能中心（仕事に沿った方法で！）

内部監査の方法には，QMSの機能とISO 9001の要求事項に着目する方法がありますが，QMSの機能に着目する方法は，ある程度QMSを運営管理している組織において，決められた手順どおりに実施されているかを評価する際に有効です.

一方，ISO 9001の要求事項に着目する方法は，QMSを初めて構築した組織において，QMSが要求事項を満たしているかを評価する際に有効です.

以下に，これらの特徴をとらえた監査の着眼点を示します.

2.4.2.1 機能に着目した着眼点

(1) 営業機能

(a) 監査基準

営業プロセスに関する手順（例えば，営業管理規程）とその活動結果の記録及び情報

(b) 監査方法

・B to Bの場合

監査対象の製品又は顧客をサンプリングし，顧客の発注から受注までの一連のプロセス，クレーム対応のプロセス，顧客満足の情報収集に関するプロセスなどを手順に従って，関連する記録や情報を基にそれらの活動状況について確認を行います.

・B to Cの場合

監査対象の製品をサンプリングし，商品企画から設計指示を出すまでの一連のプロセスを手順に従って，関連する記録や情報を基に活動状況について確認を行います.

(c) 質問例

- 営業部門の今年度の事業計画で立てた目標の達成状況について説明してください.
- お客様の要求又は期待は，どのような方法で収集していますか.

・お客様アンケートの調査項目は，どのようにして決めましたか.
・お客様アンケートの分析結果をどのように活用していますか.
・○○に関するクレームの対応状況について説明してください.
・顧客管理はどのように行っていますか.
・お客様との折衝に関するコミュニケーション情報は，どのように管理していますか.

(2)　設計・開発，サービス企画機能

(a)　監査基準

設計・開発プロセスに関する手順（例えば，設計・開発管理規程）とその活動結果の記録及び情報

(b)　監査方法

監査対象の製品をサンプリングし，その製品に関して設計開始から設計完了までのプロセスを設計・開発計画のスケジュールに従って，関連する記録や情報を基に活動状況の確認を行います.

(c)　質問例

・A 製品の設計計画書はどのような考え方で作成しましたか.
・設計担当者はどのような考え方で担当を決めましたか.
・設計担当者の力量はどのような内容ですか．また，この設計との関係を説明してください.
・A 製品の設計品質の測定項目は，どのようにして決めましたか.
・設計計画書が 1 版から 2 版に変更になっていますが，変更するタイミングはどのように考えていますか.
・A 製品の設計計画の進捗管理は，どのように実施していますか.
・A 製品の○○特性は，どの要求事項から出てきたものですか.
・A 製品の設計に必要なインプットはどのようにレビューしましたか.
・A 製品の図面と A 製品の設計に必要なインプットの関係について説明してください.
・製造部門から A 製品の図面についての追加記載事項の要求がありまし

たか．これについては，どのように対応しましたか．

・A製品の概要設計に対するレビューは，どのように実施しましたか．
・A製品の概要設計に対するレビュー参加者の責任・権限はどのようなものですか．
・A製品の概要設計に対するレビューの結果で，検討事項はありましたか．その結果はどのように処置しましたか．
・A製品の詳細設計の検証はどのように実施しましたか．
・A製品の詳細設計の検証結果で，検討事項はありましたか．その結果はどのように処置しましたか．
・A製品の妥当性確認についての試験項目はどのような考え方で決めましたか．
・A製品の妥当性確認の実施時期の考え方を説明してください．
・B製品の設計変更が行われていますが，設計変更の考え方を説明してください．
・B製品の設計変更は，市場で使用されているB製品にどのような影響を与えますか．

(3)　調達機能（調達先管理，受入検査）

(a)　監査基準

調達プロセスに関する手順（例えば，調達管理規程，受入検査規程）とその活動結果の記録及び情報

(b)　監査方法

監査対象の外注プロセス，調達製品・サービスをサンプリングし，調達仕様の決定から調達先の選択・評価，製品・サービスの発注，製品・サービスの検証までのプロセスを手順に従って，関連する記録や情報を基に活動状況の確認を行います．

(c)　質問例

・購買部門の今年度の事業計画で立てた目標の達成状況について説明してください．

- A社が新規で供給者になっていますが，どのような手順で選択されたのかについて説明してください．
- ○○部品についての供給者は1社だけですが，この考え方について説明してください．
- ○○社の○○部品で不合格が発生していますが，この対応状況について説明してください．
- ○○部品について発注から納品までについて関連する記録を時系列に並べて説明してください．
- A社のパフォーマンスに関する改善活動はどのように行われていますか．

(4)　製造，施工，サービス提供機能

(a)　監査基準

製造，施工，サービス提供プロセスに関する手順（例えば，作業手順書）とその活動結果の記録及び情報

(b)　監査方法

監査対象の製品・サービス又はプロセスをサンプリングし，製造及びサービス提供開始から製造及びサービス完了までのプロセスを手順に従って，記録や情報を基に活動状況の確認を行います．

(c)　質問例

- A製品（工事, サービス）の品質目標設定の考え方を説明してください．
- A製品（工事，サービス）の品質目標の改善活動状況について説明してください．
- QC工程図（施工計画書，サービス提供フローチャート）と現在の作業状況についての整合性は，どのようにして確認していますか．
- 新人パートAさんに対する訓練は，どのようなことを行いましたか．
- 顧客の製造仕様書の取扱いはどのように行っていますか．
- 顧客から提供されている測定機器Cの管理は，どのように実施していますか．

・プロセス内のチェックで問題が出ていますが，その処置状況を説明してください．
・設備Dの日常点検及び定期点検はどのように行っていますか．
・○月○日の日常点検で問題が出ていますが，その処置状況を説明してください．
・梱包作業でクレームが先月発生していますが，その処置状況を説明してください．
・プロセスでデータをとっていますが，どのように活用していますか．
・○○管理図で管理外れが出ていますが，どのような処置を行ったか説明してください．
・ヒューマンエラーをなくすための取組みについて説明してください．

(5)　梱包・出荷機能

(a)　監査基準

梱包・出荷プロセスに関する手順（例えば，作業標準）とその活動結果の記録及び情報

(b)　監査方法

監査対象の製品をサンプリングし，出荷製品の受領から輸送までのプロセスを手順に従って，記録や情報を基に活動状況の確認を行います．

(c)　質問例

・梱包仕様はどのように決めましたか．
・エラープルーフの例を説明してください．
・倉庫の温湿度管理はどのように行っていますか．
・梱包に対するリサイクルの考え方を説明してください．
・輸送業者に対してどのような要求をしていますか．
・輸送業者とのコミュニケーションはどのように行っていますか．

(6)　品質保証部門（測定機器の校正管理，最終検査，クレーム処理）

(a)　監査基準

品質保証プロセスに関する手順（例えば，計測機器管理規程，検査規程，ク

レーム処理規程）とその活動結果の記録及び情報

（b）　監査方法

監査対象の作業をサンプリングし，それらのプロセスを手順に従って，記録や情報を基に活動状況の確認を行います．

（c）　質問例

・校正を社外に委託していますが，委託先の管理状況をどのような方法で把握していますか．
・校正を社外に委託していますが，校正した結果の記録にはどのようなものがありますか．
・校正記録はどのように活用していますか．
・○○測定機器の校正結果が不合格になっていますが，これの対応状況について説明してください．
・○○部品での受入検査でのサンプリング方法について説明してください．
・検査員の任命はどのように行っていますか．
・A 製品の検査基準はどのようにして作成しましたか．
・中間検査と最終検査で一部の検査項目が同じものがありますが，この考え方を説明してください．
・クレームの管理状況について説明してください．
・○○規程のレビューは，どのように行いましたか．
・品質データの分析はどのように行っていますか．

（7）　ISO 事務局機能

（a）　監査基準

ISO 推進プロセスに関する手順（例えば，内部監査規程）とその活動結果の記録及び情報

（b）　監査方法

監査対象の作業をサンプリングし，それらのプロセスを手順に従って，記録や情報を基に活動状況の確認を行います．

(c)　質問例

・内部監査の実施時期の考え方を説明してください.
・内部監査プログラムの考え方を説明してください.
・内部監査の活用状況を説明してください.
・今回の内部監査の結果から，何がわかりましたか.
・F氏の内部監査員の訓練は，どのように行いましたか.
・内部監査不適合報告書（No. ○○）の是正処置の効果の有無は何で判断しましたか.

(8)　各プロセスに共通な要素

(a)　事業計画の展開

・事業目標を達成する上での課題にはどのようなものがありますか.
・今年度の事業計画の策定をどのように行ったかについて説明してください.
・目標を達成しなかった場合には，どのような処置を行うことになっていますか.
・目標を達成するために，どのような管理を行っていますか.

(b)　データ分析

・データ分析でQC七つ道具をどのように活用していますか.
・データ分析の結果はどのように活用していますか.

(c)　文書・記録管理

・文書を改訂していますが，どのような点に着目してレビューしていますか.
・作業手順書を新たに作成していますが，どのような考え方で作成していますか.
・なぜこの手順書を使っていないのですか.
・記録はどのように管理していますか.
・記録の内容をどのように確認していますか.

(d)　部門の教育・訓練

・今年度の教育・訓練計画を説明してください．
・教育・訓練計画が予定より遅れていますが，どのように対応する予定ですか．
・○○業務についての作業者の力量の決め方を説明してください．
・今年度の教育訓練の結果の評価は，どのように行っていますか．

2.4.2.2　要求事項ごとの監査の視点

ISO 9001 の要求事項に関する監査の視点を以下に示します．以下の数字はISO 9001 の箇条番号を示しています．

4　組織の状況

4.1　組織及びその状況の理解

・組織の目的（経営理念，経営方針など）及び戦略的な方向性（戦略など）に関連する外部・内部の課題をどのような方法で明確にしているかを経営計画や年度事業計画などで確認します．
・QMS の意図した結果（目的）を達成するために現在保有している技術，設備，人，知識，情報などに関係する能力に影響を与える外部・内部の課題をどのような方法で明確にしているかを年度事業計画などで確認します．
・外部・内部の課題の状況を把握するための情報には何があるかを確認し，それが監視され，変化に応じてレビューしているかを確認します．

4.2　利害関係者のニーズ及び期待の理解

・各部門において，QMS の運営管理に影響を与える，運営管理の影響を受ける，運営管理の影響を受けると考えている利害関係者をどのような方法で明確にしているかを確認します．
・それらの利害関係者の要求事項をどのような方法で明確にしているかを確認します．

・それらの利害関係者とそれらの要求事項の変化をどのような方法で監視しているか，また，その内容をレビューしているかを確認します.

4.3　品質マネジメントシステムの適用範囲の決定

・適用範囲は，4.1の外部・内部の課題，4.2の要求事項，製品・サービスをどのように考えて決定しているかを確認します.

・適用範囲を文書にしているかを確認します.

・適用不可能な要求事項があった場合には，その正当性を確認します.

4.4　品質マネジメントシステム及びそのプロセス

・それぞれのプロセスで，a)～h)について確認をします.

・特にプロセスのつながりが明確になっているかを確認します.

・特にパフォーマンス指標を決めているかを確認します.

5　リーダーシップ

5.1　リーダーシップ及びコミットメント

5.1.1　一般

・トップマネジメントが，マネジメントレビュー（経営会議など）などでどのような発言・指示を実施しているかを確認します.

・QMSが経営にどのように貢献しているかを把握しているかについて確認します.

・事業プロセスとQMS要求事項の統合に関する指示をどのように実施しているかを確認します.

・事業計画策定時やマネジメントレビューで，プロセスアプローチとリスクに基づく考え方を示唆しているかを確認します.

・QMSの有効性に寄与するためにどのような方法で，人々を参加させ，指揮，支援しているかを確認します.

・管理層への役割の支援をどのような方法で実施しているかを確認しま

す．

5.1.2　顧客重視

・品質方針，事業計画の内容，マネジメントレビューの内容から，トップマネジメントが顧客に焦点をあてた行動をしているかを確認します．

5.2　方針

5.2.1　品質方針の確立

・品質方針は組織の目的や戦略的方向性を基に策定しているかを確認します．

・品質方針に，品質目標の設定のための方法又は考え方を含めているかを確認します．

・品質方針に，要求事項を満たすことへのコミットメントを含めているかを確認します．

・品質方針に，QMS の継続的改善へのコミットメントを含めているかを確認します．

5.2.2　品質方針の伝達

・品質方針の維持管理を実施しているかを確認します．

・品質方針を組織内にどのような方法で伝達しているか，理解させているか，仕事に適用させているかを確認します．

・4.2 で明確にした密接に関連する利害関係者が品質方針をどのような方法で入手できる状態になっているかを確認します．

5.3　組織の役割，責任及び権限

・a)～e)の責任・権限をもっている人は誰なのか，それをどのような方法で実施しているかを確認します．

6　計画

6.1　リスク及び機会への取組み

6.1.1

・4.1 で明確にした課題と 4.2 で明確にした要求事項をインプットとして，QMS の年度計画を策定しているかを確認します.

・a)～d) に取り組むための方法を明確にし，それに対するリスクと機会をどのような方法で決定しているかを確認します.

a)　QMS がその意図した結果を達成できるという確信を与える.

b)　望ましい影響を増大する.

c)　望ましくない影響を防止又は低減する.

d)　改善を達成する.

6.1.2

・6.1.1 で特定したリスク及び機会への取組みの計画を策定しているかを確認します.

・リスク及び機会への取組みの計画を策定する際には，リスク及び機会への対応を考えているかを確認します.

・以下の事項に関する計画を策定しているかを確認します.

—取組みを実施するプロセスとその実施項目

—取組みの有効性の評価方法

6.2　品質目標及びそれを達成するための計画策定

6.2.1

・品質目標は，決めたとおりに展開しているかを確認します.

・品質目標を達成することで品質方針が満たされるかを確認します.

・品質目標は，パフォーマンス指標として設定しているかを確認します.

・品質目標は，適用している要求事項を考えて設定しているかを確認します.

・品質目標の達成状況を監視して，その情報を関係者に伝達しているかを確認します．

6.2.2

・品質目標を達成するために，次の事項を決めているかを確認します．

—実施事項

—必要な資源

—責任者

—実施事項の完了時期

—結果の評価方法

6.3　変更の計画

・年度途中でQMSの変更が決定された場合には，次の事項を考えて，変更の計画を策定しているかを確認します．

考慮事項

・変更の目的，及びそれによって起こり得る結果

・QMSが完全に整っている状態

・資源の利用可能性

・責任及び権限の割当て又は再割当て

7　支援

7.1　資源

7.1.1　一般

・QMSの確立，実施，維持，継続的改善に必要な資源の決定と提供を決めたとおりに実施しているかを確認します．

・以下の事項に着目します．

—既存の内部資源の実現能力及び制約

—外部提供者から取得する必要があるもの

7.1.2　人々

・要員配置計画などを決めたとおりに実施しているかを確認します．

7.1.3　インフラストラクチャ

・プロセスの運用と製品及びサービスの適合を達成するために必要な建物，設備，人などのインフラストラクチャを明確にし，提供し，維持しているかを確認します．

7.1.4　プロセスの運用に関する環境

・プロセスの運用に必要な環境，並びに製品及びサービスの適合を達成するために必要な環境を明確にし，提供し，維持しているかを確認します．
・社会的要因，人的要因，物理的要因に着目します．

7.1.5　監視及び測定のための資源

・監視及び測定に使用する資源の管理を決めたとおりに実施しているかを確認します．
・校正が必要な測定機器の管理を実施しているかを確認します．

7.1.6　組織の知識

・プロセスの運用に必要な知識，並びに製品及びサービスの適合を達成するために必要な知識を明確にしているかを確認します．
・知識が維持され，利用できる状態になっているかを確認します．
・新たな知識が必要な場合は，どのような方法でそれを入手する方法になっているかを確認します．
・組織が成長・発展するために技術伝承や固有技術などの知識をどのように考えているかを確認します．

7.2　力量

・作業者に必要な知識と技能を明確にしているかを確認します．
・作業者の現状の知識と技能を把握しているかを確認します．
・不足している知識と技能に対してとった処置の有効性の評価を実施して

いるかを確認します.

・知識と技能の記録を作成し，管理しているかを確認します.

7.3　認識

・次の事項について認識をもてるようにするために，どのような方法をとっているかを確認します.

・各要員が次の事項を理解しているかを確認します.

—品質方針

—関連する品質目標

—パフォーマンスの向上によって得られる便益とQMSの有効性に対する自らの貢献

—QMS要求事項に適合しないことの意味

7.4　コミュニケーション

・QMSに関連する内部・外部のコミュニケーションには何があるかを確認し，次の事項を決めているかを確認します.

—内容

—実施時期

—対象者

—方法

—行う人

7.5　文書化した情報

7.5.1　一般

・ISO 9001で要求されている文書と記録を作成しているかを確認します.

・QMSの有効性のために必要であると組織が決定した，文書や記録を作成しているかを確認します.

7.5.2　作成及び更新

・文書や記録が，引用しているISO規格・JIS，法令規制要求事項などと整合しているか，文書や記録内で整合しているか，他の関連する文書や記録と整合しているか，文書や記録の内容が必要十分かについてどのような方法でレビューしているかを確認し，決めたとおりに承認しているかを確認します．

7.5.3 文書化した情報の管理

・決めたとおりに文書と記録の管理を実施しているかを確認します．

8 運用

8.1 運用の計画及び管理

・箇条8.2～8.7に関するプロセスの計画を確認します．

8.2 製品及びサービスに関する要求事項

8.2.1 顧客とのコミュニケーション

・顧客とのコミュニケーションをどのように実施しているかを確認します．

・次の事項についての検討を実施しているかを確認します．

—製品及びサービスに関する情報提供

—引合い

—契約又は注文の処理・変更

—顧客からのフィードバック

—顧客の所有物の取扱い・管理

—顧客要求事項を満たせなくなった場合の対応方法の確立

8.2.2 製品及びサービスに関する要求事項の明確化

・製品及びサービスの要求事項をどのような方法で明確にしているかを確認します．

・提供する製品及びサービスに関して主張している内容（30分で配達できます，世界一軽量の製品が提供できます，など）を満たすことができるための能力を確保しているかを確認します.

8.2.3　製品及びサービスに関する要求事項のレビュー

・製品及びサービスに関する要求事項をどのような方法でレビューしているかを確認します.

8.2.4　製品及びサービスに関する要求事項の変更

・製品及びサービスに関する要求事項が変更された場合の方法を確認します.

8.3　製品及びサービスの設計・開発

8.3.1　一般

・設計・開発プロセスと箇条 8.3.2～8.3.6 の関係を確認します.

8.3.2　設計・開発の計画

・設計・開発プロセスの計画を策定する際に a)～j) に関してどのように考慮して決定したかを確認します.

8.3.3　設計・開発へのインプット

・設計・開発計画で決められたインプットに漏れがないかを確認します.

8.3.4　設計・開発の管理

・設計・開発プロセスのパフォーマンス指標を決めているかを確認します.

・レビュー，検証，妥当性確認を決めたとおりに実施しているかを確認します.

8.3.5　設計・開発からのアウトプット

・設計・開発計画のとおりにアウトプットが存在するかを確認します.

8.3.6　設計・開発の変更

・設計・開発の変更を決めたとおりに実施しているかを確認します.

8.4　外部から提供されるプロセス，製品及びサービスの管理

8.4.1　一般

・外部提供者のパフォーマンスを決めているかを確認します．

8.4.2　管理の方式及び程度

・外部から提供されるプロセスが，組織のQMSの適用範囲に含まれ，管理対象となっているかを確認します．

・提供者の能力を考えて管理の方式及び程度を決めているかを確認します．

8.4.3　外部提供者に対する情報

・外部提供者への情報をどのような方法で決めているかを確認します．

・a)～f)に関する要求事項に検討漏れがないかを確認します．

8.5　製造及びサービス提供

8.5.1　製造及びサービス提供の管理

・a)～h)に関して検討漏れがないかを確認します．

・決めたとおりに工程管理を実施しているかを確認します．

8.5.2　識別及びトレーサビリティ

・決めたとおりに識別及びトレーサビリティを実施しているかを確認します．

8.5.3　顧客又は外部提供者の所有物

・顧客又は外部提供者の所有物の管理を決めたとおりに実施しているかを確認します．

8.5.4　保存

・アウトプットの保存を決めたとおりに実施しているかを確認します．

8.5.5　引渡し後の活動

・要求される引渡し後の活動の程度を決定する際にa)～e)をどのように考慮しているかを確認します．

8.5.6 変更の管理

・人，設備，方法，材料などの変更管理を決めたとおりに実施しているかを確認します．

・必要な記録を作成しているかを確認します．

8.6 製品及びサービスのリリース

・製品及びサービスのリリースを決めたとおりに実施しているかを確認します．

・“特採”の処理状況について確認します．

8.7 不適合なアウトプットの管理

・不適合なアウトプットの管理を決めたとおりに実施しているかを確認します．

9 パフォーマンス評価

9.1 監視，測定，分析及び評価

9.1.1 一般

・監視及び測定の対象を決めているかを確認します．

・監視及び測定の対象に対して，監視・測定・分析・評価の方法，監視・測定の実施時期，監視・測定の結果の分析・評価の時期を決めているかを確認します．

・QMSのパフォーマンス（品質目標など）及び有効性（計画に対して計画どおりの結果が出ているか）の評価を実施しているかを確認します．

9.1.2 顧客満足

・顧客のニーズ・期待が満たされている程度について，顧客がどのように受け止めているかを決めたとおりに監視しているかを確認します．

・情報の入手，監視・レビューの方法を確認します．

9.1.3　分析及び評価

・監視及び測定から得られたデータや情報をどのような方法で分析し，評価しているかを確認します．

・分析結果は次の事項を評価するために使用しているかを確認します．

—顧客満足度

—QMS のパフォーマンス及び有効性

—計画が効果的に実施されたか否か

—リスク及び機会への取組みの有効性

—外部提供者のパフォーマンス

—QMS の改善の必要性

9.2　内部監査

・QMS の活動状況に関する適合性及び有効性について内部監査を実施しているかを確認します．

・関連するプロセスの重要性，組織に影響を及ぼす変更，前回までの監査の結果をどのように考えて内部監査プログラムを策定しているかを確認します．

9.3　マネジメントレビュー

9.3.1　一般

・QMS のレビューの目的を確認します．

・トップマネジメントが計画した時期に QMS のレビューを実施しているかを確認します．

9.3.2　マネジメントレビューのインプット

・a)～f)のインプット情報が必要な時期に使用されているかを確認します．

9.3.3　マネジメントレビューからのアウトプット

・次の事項に関する決定・処置を実施しているかを確認します．

—改善の機会

—QMSのあらゆる変更の必要性

—資源の必要性

10　改善

10.1　一般

・どのような改善を実施しているかを確認します.

10.2　不適合及び是正処置

・決めたとおりに是正処置を実施しているかを確認します.

・不適合の分析（なぜなぜ分析など）を実施し，原因を明確にしているかを確認します.

・類似の不適合の発生状況，発生の可能性（水平展開，横展開など）を検討しているかを確認します.

10.3　継続的改善

・QMSの適切性，妥当性，有効性を継続的に改善しているかを確認します.

・マネジメントレビューからのアウトプットの検討を実施しているかを確認します.

第３章

プロセス改善に役立つ是正処置の方法

第１章で皆様からの多くの疑問への Q&A，第２章で内部監査事例としてどのように指摘し，どう対応すべきかを主に記載しました.

この第３章では，より欲を出して，内部監査は行ったが，監査をやっただけでなくその監査で検出した課題を御社に活かすこと，役に立つ改善に結び付けるにはどうすればよいかをまとめました.

3.1　是正処置の見える化

(1)　是正処置の要求事項

ISO 9001の箇条10.2（不適合及び是正処置）に関する要求事項は，次のように規定されています.

JIS Q 9001:2015

10.2.1　苦情から生じたものを含め，不適合が発生した場合，組織は，次の事項を行わなければならない.

a)　その不適合に対処し，該当する場合には，必ず，次の事項を行う.
　1)　その不適合を管理し，修正するための処置をとる.
　2)　その不適合によって起こった結果に対処する.

b)　その不適合が再発又は他のところで発生しないようにするため，次の事項によって，その不適合の原因を除去するための処置をとる必要性を評価する.
　1)　その不適合をレビューし，分析する.
　2)　その不適合の原因を明確にする.
　3)　類似の不適合の有無，又はそれが発生する可能性を明確にする.

c)　必要な処置を実施する.

d)　とった全ての是正処置の有効性をレビューする.

e)　必要な場合には,計画の策定段階で決定したリスク及び機会を更新する.

f)　必要な場合には，品質マネジメントシステムの変更を行う.

是正処置は，検出された不適合のもつ影響に応じたものでなければならない.

10.2.2　組織は，次に示す事項の証拠として，文書化した情報を保持しなければならない.

a)　不適合の性質及びそれに対してとったあらゆる処置

b)　是正処置の結果

この要求事項を正しく理解しないと効果的な是正処置を行うことができないので，次に示す内容に着目する必要があります．

修正するとは，検出された不適合を除去するための処置をとることであり，要求事項を満たすようにすることです．例えば，不適合製品が適合製品の棚に置かれていた場合には，不適合製品の置き場所に移動させることです．

分析するとは，不適合が発生したメカニズムを明らかにすることであり，“なぜなぜ分析”を行うことが大切です．

原因を明確にするとは，分析した結果から原因を明らかにする必要がありますが，原因は一つとは限らないことに注意が必要です．

類似の不適合の有無，又はそれが発生する可能性を明確にするとは，例えば，“計測機器Aの校正期限が過ぎていたにもかかわらず，この測定機器で測定を行っていた”という不適合が検出された場合には，他の計測機器で校正期限を超えたものが存在するかを確認することが必要です．いわゆる，水平展開又は横展開といわれていることが多いようです．

検出された不適合のもつ影響に応じたものでなければならないとは，図3.1に示すように現状のレベルと要求事項のレベルのギャップの大きさによって対策を考える必要があるということです．すなわち，マネジメントシステムへの影響の度合いを考慮する必要があります．

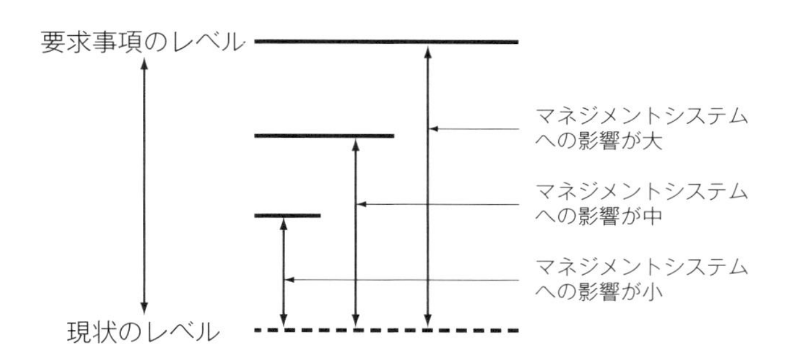

図 3.1　不適合がもつ影響の度合い

要求事項を満たすための活動の目的は，次のような事項です．

(1)　不適合を適合状態に戻す．

発見された不適合について，現象そのものを適合した状態に戻し，とりあえず問題をなくすことです．

(2)　不適合が再発しないような仕組みをつくる．

不適合の真の原因を追究し，これについての対策を行い，検出された不適合の現象が二度と現れないような仕組みをつくることです．

(3)　決められた期間内に再発防止を完了する．

発見された不適合に対して同様な不適合が発生しないように，決められた期間で改善を行うことで，再発を防ぐことです．

(4)　再発防止から未然処置につなげる．

他の工場，製品，プロセスに対して水平展開できるものは，未然防止の一種として実行することです．

(2)　再発防止の手順

再発防止を行う際には，頭の中で考えるだけではなく，検討の結果を見える化すると効果的になります．このため，再発防止の見える化シート（表3.1参照）を使用した再発防止の手順を以下に示します．

手順1　検出された現象に関する正しい理解

検出された現象は，いつ，どこで，誰が，何を，どのようにして発生したのかを明確にします．

- 不適合報告書などに記載された問題の確認を行います．
- 内容が理解できない場合には，関係者に確認を行います．
- 確認を行わないで再発防止を行うと間違った対策を実施するおそれがあるので注意が必要です．

手順2　応急対策の迅速な実施

検出された現象については，同様の問題が発生しないように時間をかけないで迅速に元の正しい状態に戻さなければなりません．また，検出された現象が他の事例にも発生の可能性があるか否かを検討し，調査を行い，問題がある場合には応急対策を行います．対象となる範囲を考えることが重要です．例えば，測定機器の校正の漏れが検出された場合には，当該測定機器の校正を行うとともに，他の測定機器に校正漏れがないことを調査します．

手順 3　標準の作業手順の明確化

手順 3 から手順 8 の一連の活動を“見える化”するには，表 3.1 に示すフォーマットを活用すると効果的です．

表 3.1　再発防止の見える化シート

標準の作業手順	実施手順	差異分析	真の原因及び関連プロセス	対策案	対策案評価結果
標準の作業手順を記入する．	実施した手順を記入する．	標準の作業手順と実施手順の差を明確にし，記入する．	差についての原因を追究し記入する． 該当するプロセスを明確にし，記入する．	原因に対する対策案を策定し，記入する．	対策の評価結果を記入する．

このシートの効果には，次のようなものがあります．

・問題発生に至る活動状況を明確にすることができる．
・問題の発生したプロセスを特定することができる．
・問題の見える化ができることで，関係者全員で検討することができる．
・問題に対する検討漏れを防ぐことができる．
・事実に基づいた分析ができる．
・再発防止のプロセスを評価できる．

組織で決められている作業標準を再発防止の見える化シートの“標準の作業手順”の欄に記入します．

手順 4　実施手順の特定

検出された問題について，どのような作業手順で行ったのかについて確認をし，手順 3 で作成した手順と対比させて再発防止の見える化シートの“実施手順”の欄に記入します.

確認の方法としては，いつ（When），誰が（Who），どこで（Where），何を（What），どのように（How）といった分析を行うと効果的です.

手順5　標準の作業手順と実施手順の差異分析

手順3と手順4を比較して相違点を見つけ，その結果を再発防止の見える化シートの“差異分析”の欄に記入します.

相違点には，次のようなものがあります.

- 決められた手順どおり行っていない.
- 決められた手順がないので，それぞれの方法で作業をしている.

手順6　差異に関する原因追究

原因追究の結果を再発防止の見える化シートの“原因及び該当プロセス”の欄に記入します．なお，原因追究の方法では，“なぜなぜ分析”を行います．一般的には，“なぜ5回”の考え方，すなわちなぜを5回繰り返すと原因が特定できるといわれており，この考え方は，図3.2に示すように特性要因図から出てきています.

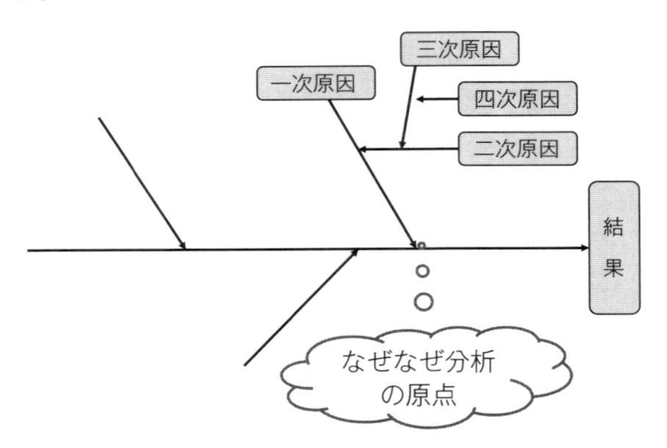

図3.2　なぜなぜ分析の考え方

原因はプロセスに潜んでいますので，なぜなぜ分析は次の手順で行うとよいでしょう.

①　原因と思われる要因を関係者全員がポストイットに記入します（10

件/人程度考えます）.

② ポストイットを貼り出して，主要な要因ごと（例えば 4M）に層別します.

③ 主要な要因を更に層別します.

④ 層別した要因ごとに結果⇒一次原因⇒……⇒真の原因の関係を明確にします（なぜなぜを繰り返す）.

⑤ 具体的な方策案が創出できるまで追究します.

⑥ 真の原因から結果にたどり着くか否かを検証します（問題があれば修正する）.

⑦ 原因を特定します.

なぜなぜ分析が行われていない再発防止の例を次に示します.

現象：A 作業者の作業手順が作業標準と相違していた.

原因：A 作業者が作業標準を守らなかった.

対策：A 作業者への教育を行った.

これでは，真の原因を追究したとは考えられません．なぜならば，“A 作業者が作業標準を守らなかった”ことは，現象にほかならないからです．したがって，“なぜ，A 作業者が作業標準を守らなかったのか”についての原因を追究する必要があります.

この例でなぜなぜ分析を行うと図 3.3 のようになります.

手順 7　原因に対する対策案の検討

原因に対する対策案を再発防止の見える化シートの“対策案”の欄に記入します．対策案は，特定した原因ごとに数多く検討し，検討にあたっては，エラープルーフ（ポカヨケともいいます）対策について検討するとよいでしょう．この時点で，対策実施時期及び対策の結果についての評価時期及び方法について検討を行います.

手順 8　対策案の評価

対策案の評価結果を再発防止の見える化シートの“対策案評価結果”欄に記入します．対策案は効果的かつ効率的になっているか，対策案は再発防止にな

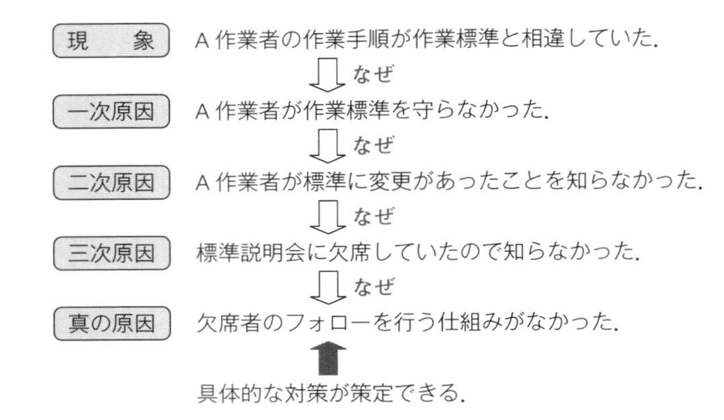

図 3.3　なぜなぜ分析の事例

っているかを評価します．また，対策案はいくつかの方法を検討し，評価項目を明確にする必要があります．なお，評価項目には，時間，効果，コストなどがあります．

手順 9　対策の計画及び実施

手順8の結果から得られた対策を実施するための計画を策定し，計画どおりに対策を実施します．計画では対策の責任者及び時期を明確にします．また，計画の実施状況を定期的に把握し，問題がある場合には改善を行います．

手順 10　対策の評価

対策を評価するためには，手順7で検討した評価時期及び評価方法に従って評価を行い，効果があったかどうかを確認します．

評価のポイントは次のとおりです．

・変更したプロセスが運営管理されているか．

・相互関係のあるプロセスに問題が発生していないか．

・マネジメントシステムに問題が発生していないか．

・同じ原因で再発はしていないか．

手順 11　再発防止の有効性の確認

再発防止活動に問題が発生していないかという視点で，手順1から手順10

の活動が有効であったかどうかを評価します．評価方法には，手順ごとに評価する方法や手順10が完了した段階で手順1から手順10をまとめて再発防止活動の有効性を確認する方法がありますが，手順ごとに評価した方法のほうが，後戻りがなく確実です．

3.2　再発防止の見える化シートの活用事例

“設備点検において測定記録の漏れがあった．これを調査したところ，他の設備のアラームが発生したのでこの処置を行ったため，測定結果を記録しなかった”という不適合の例を分析すると表3.2のとおりとなります．

表3.2　“設備点検時の記録の漏れ”の不適合分析事例

標準の作業手順	実施手順	差異分析	真の原因及び関連プロセス	対策案	対策案評価結果
設備の条件を測定する．	設備の条件を測定する．				
↓	↓				
測定結果を記録する．	設備アラームが発生した．	設備アラームが発生した．			
	↓				
↓	アラーム処理を行った．	測定結果を記録しなかった．	作業中断後の再開方法がなかった（保全プロセス）．	作業中断時は一つ前の作業から開始する．	採用
				作業中断の見える化を行う．	採用
	↓				
自己チェックを行う．	次の作業を実施した．	自己チェックを行わなかった．	自己チェックを行う時期が決まっていなかった（保全プロセス）．	当日作業後に確認を行う．	採用
				主任が再確認を行う．	不採用

第4章

内部監査の視点

第1章でQ&A，第2章で内部監査事例，第3章では監査を行っただけでなくその監査で検出した課題を御社にとって活かすこと，役に立つ改善に結び付けるにはどうすればよいかを説明しましたが，この第4章ではそもそもの内部監査の原則等の内容をまとめました．

4.1　内部監査の基本

4.1.1　内部監査の原則

監査は，QMSを評価するためのツールです．このため，監査結果にばらつきがあると，その評価結果に対する信頼性が揺らぐことになります．このようなばらつきを生じさせないためには，共通的なある原則に基づいて監査を実施することが大切です．

ISO 19011（マネジメントシステム監査のための指針）では，次に示す内部監査の原則を明確にしています．これらはいずれも重要な考え方であり，この原則を十分理解し，監査活動を行うことがQMSの活動状況を適切に評価するカギとなります．

JIS Q 19011:2019

4　監査の原則

（中略）

a） 高潔さ：専門家であることの基礎

監査員，及び監査プログラムをマネジメントする人は，次の事項を行うことが望ましい．

— 自身の業務を倫理的に，正直に，かつ責任感をもって行う．
— 監査活動を，それを行う力量がある場合にだけ実施する．
— 自身の業務を，公平な進め方で，すなわち，全ての対応において公正さをもち，偏りなく行う．
— 監査の実施中にもたらされるかもしれない，自身の判断へのいかなる影響に対しても，敏感である．

高潔さとは，高尚（学問・言行等の程度が高く，上品なこと）で潔白なことであり，内部監査員及び監査プログラムの管理者（例えば，内部監査の推進責任者）は，監査に関する専門家であり，そのためにとるべき行動を示しています．

内部監査員及び監査プログラムの管理者は，監査業務を遂行するための活動に責任をもって行うことが重要であるという考え方を示唆しています．

JIS Q 19011:2019

b)　公正な報告：ありのままに，かつ，正確に報告する義務
監査所見，監査結論及び監査報告は，ありのままに，かつ，正確に監査活動を反映することが望ましい．監査中に遭遇した顕著な障害，及び監査チームと被監査者との間で解決に至らない意見の相違について報告することが望ましい．コミュニケーションはありのままに，正確で，客観的で，時宜を得て，明確かつ完全であることが望ましい．

内部監査員は，監査した結果を見たとおりに，事実のままに関係者に報告を行う必要があります．被監査者が部長で内部監査員が課長又は社員の場合，職責がものをいう組織では被監査者の言い分に問題があっても正しいとしている場合があります．これでは適正な監査が実行できているとはいえないので注意が必要です．

内部監査員と被監査者は同等であり，役職の上下関係を考慮してはならないのです．監査では被監査者とあらゆる場面でコミュニケーションを行っているので，事実に基づいて，正確で，客観的で，必要なときに，明確かつ完全であることが必要です．

JIS Q 19011:2019

c)　専門家としての正当な注意：監査の際の広範な注意及び判断
監査員は，自らが行っている業務の重要性，並びに監査依頼者及びその他の利害関係者が監査員に対して抱いている信頼に見合う正当な注意を払うことが望ましい．専門家としての正当な注意をもって業務を行う場合の重要な点は，全ての監査状況において根拠ある判断を行う能力をもつことである．

内部監査員は，被監査者の職場で監査活動を行っており，監査場所では日常業務が行われているので，その業務に影響を及ぼさないように注意する（例え

ば，作業をとめない，作業の邪魔をしない）必要があります．また，被監査者とのコミュニケーションを行っているため，周りの要員が内部監査員の言動に着目していることも認識する必要があります．

JIS Q 19011:2019

d)　機密保持：情報のセキュリティ

　監査員は，その任務において得た情報の利用及び保護について慎重であることが望ましい．監査情報は，個人的利益のために，監査員又は監査依頼者によって不適切に，又は，被監査者の正当な利益に害をもたらす方法で使用しないことが望ましい．この概念には，取扱いに注意を要する又は機密性のある情報の適切な取扱いを含む．

内部監査では，機密に関する情報に触れることもありますが，その際には，適切な取扱いをする必要があります．

JIS Q 19011:2019

e)　独立性：監査の公平性及び監査結論の客観性の基礎

　監査員は，実行可能な限り監査の対象となる活動から独立した立場にあり，全ての場合において偏り及び利害抵触がない形で行動することが望ましい．内部監査では，監査員は，実行可能な場合には，監査の対象となる機能から独立した立場にあることが望ましい．監査員は，監査所見及び監査結論が監査証拠だけに基づくことを確実にするために，監査プロセス中，終始一貫して客観性を維持することが望ましい．

　小規模の組織においては，内部監査員が監査の対象となる活動から完全に独立していることは可能でない場合もあるが，偏りをなくし，客観性を保つあらゆる努力を行うことが望ましい．

“独立性”とは，監査が他者からいかなる支配も受けないようにするための考え方であり，被監査者が監査で問題が出ないように，都合のよい内部監査員を被監査者が指名することは避けなければなりません．また，内部監査員は，公平性の観点から内部監査員自身が行った業務を監査することはできません．

少人数の組織で内部監査を行う場合には，内部監査員自身が実施した業務を監査しないように注意する必要があります．

JIS Q 19011:2019

f) 証拠に基づくアプローチ：体系的な監査プロセスにおいて，信頼性及び再現性のある監査結論に到達するための合理的な方法

監査証拠は，検証可能なものであることが望ましい．監査は限られた時間及び資源で行われるので，監査証拠は，一般的に，入手可能な情報からのサンプルに基づくことが望ましい．監査結論にどれだけの信頼をおけるかということと密接に関係しているため，サンプリングを適切に活用することが望ましい．

“証拠に基づくアプローチ”とは，内部監査の結論を導くには正確な証拠がなければ，適合性の判断を適切にすることはできないという考え方です．

また，内部監査は決められた時間内で監査対象のすべての業務を監査できるわけではなく，証拠はサンプリングした結果から監査対象の母集団を評価しているので，サンプリングが偏らないようにしなければなりません．したがって，サンプルは例えば，生産数量の多いもの，新製品，最近変更した情報セキュリティ技術，重要な環境側面など，母集団の代表になる情報を選定する必要があります．

JIS Q 19011:2019

g) リスクに基づくアプローチ：リスク及び機会を考慮する監査アプローチ

リスクに基づくアプローチは，監査が，監査依頼者にとって，また，監査プログラムの目的を達成するために重要な事項に焦点を当てることを確実にするため，監査の計画，実施及び報告に対して実質的に影響を及ぼすことが望ましい．

“リスクに基づくアプローチ”とは，監査対象の業務のリスク及び機会に着目することで効率的に監査を行うことを意図しています．このため，監査プログラムの目的に沿った監査活動を行うことが大切です．

4.1.2　監査プログラム

監査の仕組みの考え方を示したのが，図 4.1 に示す ISO 19011 の監査プロ

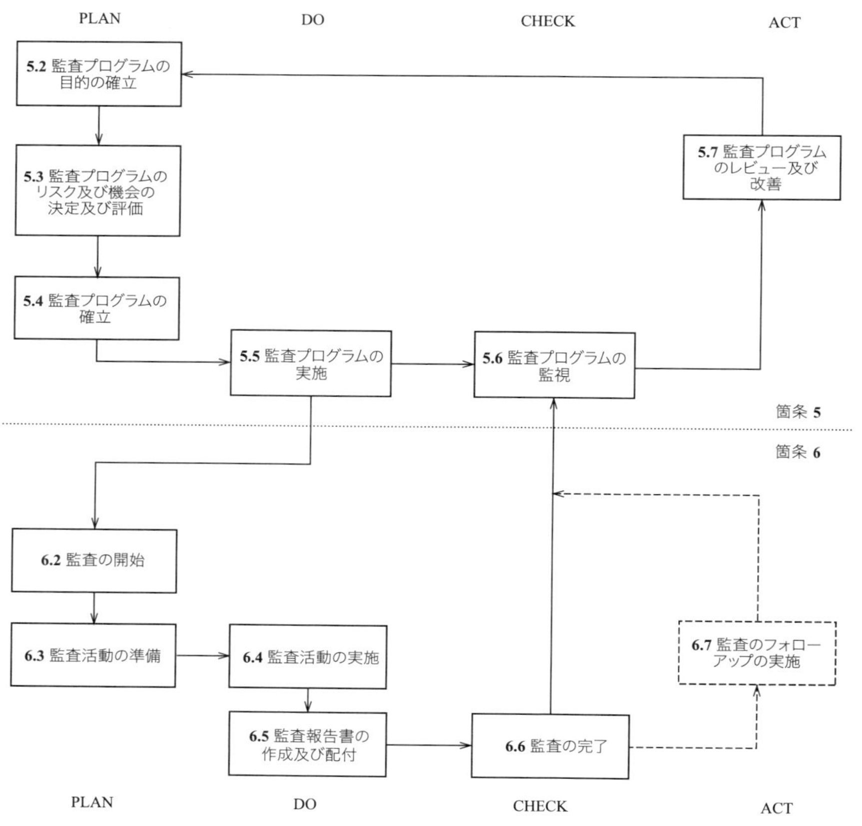

図 4.1　監査プログラムのマネジメントのためのプロセスフロー
出所：JIS Q 19011:2019，図 1

グラムの運営管理です．これに関しては，ISO 9001 に要求事項［9.2.2 a)］があります．

“監査プログラムは，関連するプロセスの重要性，組織に影響を及ぼす変更，及び前回までの監査の結果を考慮にいれなければならない．”

監査プログラムとは，“特定の目的に向けた，決められた期間内で実行するように計画された一連の監査”であり，監査を計画し，手配し，実施するための必要な活動すべてを含んだものです．また，これらの監査プログラムに関しては，組織では主に内部監査規程や供給者評価規程などで定めています．

4.1.3　内部監査における関係者の役割

監査は組織の人々が関係しているので，これらの人々が自分の役割を十分認識している必要があります．以下に関連する人々の役割を示します．

(1)　トップマネジメント

内部監査で最も重要な役割を果たさなければならないのは，トップマネジメントです．なぜならば，“品質マネジメントシステムの採用は，パフォーマンス全体を改善し，持続可能な発展への取組みのための安定した基盤を提供するのに役立ち得る，組織の戦略上の決定である”と ISO 9001 の序文で述べています．戦略ということであれば，当然トップマネジメントが決定を行うことになります．また，事業計画の責任者もトップマネジメントであることを考えると，QMS の有効性に関する説明責任についてもトップマネジメントになります．したがって，トップマネジメント自身が QMS のパフォーマンスを評価し，問題があれば適切な指示を関係者に提示し，これを改善させ，結果が出るように導く必要があります．

しかし，トップマネジメント自身が QMS のすべての活動状況を評価することは時間的にも空間的にも困難ですので，内部監査によって QMS の評価を行うことになります．したがって，トップマネジメントは，自身の代わりに内部監査員を使って QMS を評価することが基本的な考え方であることを認識する必要があります．このため，内部監査員に対して，トップマネジメントの代行者として監査を行う必要があるとの認識をさせることが必要です．

このため，トップマネジメントは，次の事項を考慮する必要があります．

・マネジメントシステムの運営管理の最高責任者であるという認識をもつ．
・内部監査員を使ってマネジメントシステムを評価することが基本的な考え方であることを認識する．
・内部監査員に対して，トップマネジメントの代行者として監査を行う必要があることを認識させる．
・内部監査を目標達成のためのツールと位置付け，事業活動及びその結果の評価に用いる．
・内部監査員の力量の維持・開発を積極的に行う．
・内部監査員に対して，内部監査の実施前に内部監査に対する考え方及び活用について表明する．
・監査終了後，内部監査員から監査結果について簡単な説明を受ける．

以上を実践することが，内部監査員のモチベーションを高めることにつながります．

(2)　監査事務局

監査事務局は，監査プログラムの運営管理に関する機能を保有しており，これを効果的で，効率的になるように実行する必要があります．しかし，監査の成果を左右するのは監査員であり，監査員の力量を評価し，これを維持・開発するための仕組みづくりを行う必要があります．

このため，監査事務局は，次の事項を考慮する必要があります．

・監査計画を立案する．
・監査プロセスに適切な監査員の選定を行う．
・監査員に対する監査の支援を行う．
・指摘事項に対するフォローを行う．

(3)　内部監査員

内部監査は，一般的に組織内の特定の要員が行うわけではなく，関連する部門の人々で行われています．内部監査員には，自部署に課せられた責任及び権限とは関係ないと考えている人が少なくありません．このため，内部監査員に指名されたから仕方なく実施していると考え，やらされ感が強くなっています．“私は忙しいので，できれば監査員になりたくない”という考え方になっています．したがって，内部監査に対する考え方が前向きなものでなく，成果を期待することは困難です．

このような事態にならないためには，分課分掌規程などで，すべての部門で内部監査員としての活動の責任と権限があることを明記する必要があります．

内部監査員は，次の事項を考慮する必要があります．

・内部監査は，業務の一環であることを認識する．

・内部監査の手順を順守する．

・監査技術の維持・向上に努める．

監査活動は１名で行う場合よりも２名以上で行うことが多いです．このため，チームとしての活動を行うので，監査チームリーダーと監査メンバーの役割を明確にしておきます．監査活動における，監査チームリーダー及び監査メンバーの役割を表 4.1 に示します．

(4)　被監査者

監査は監査員だけでできるわけではなく，被監査者が存在して成り立つものです．このため，被監査者の協力がなければ効果的で，効率的な監査を行うことはできないので，監査員との共同作業を行うという認識が必要です．

また，監査員が検出した不適合，問題点，改善指摘事項に対してすみやかな対応をする必要があり，やらされているという被害者意識にならないことが重要です．したがって，自分自身でプロセスの活動状況を評価するには，時間をかける必要があり，自分の判断で甘くなることも考えられるので，監査を活用しようという意識をもつことが大切です．

被監査者は，次の事項を考慮する必要があります．

・監査に協力をする．

・指摘事項は時間をかけないで，適切に対応する．

表 4.1　監査活動における監査メンバー及び監査チームリーダーの役割

監査活動	監査メンバー	監査チームリーダー
被監査者との最初の連絡		○
文書レビューの実施	○	○
監査計画の作成		○
監査チームへの作業の割当て		○
作業文書の作成	○	○
初回会議の開催		○
監査中の連絡		○
情報の収集及び検証	○	○
監査所見の作成	○	○
監査結論の作成		○
最終会議の開催		○
監査報告書の作成		○
監査のフォローアップの実施	○	○

4.2　中小企業における内部監査の視点

4.2.1　中小企業の特徴を考慮した内部監査の仕組み

内部監査の活動は，QMS の実施状況と要求事項とのギャップを明確にし，問題がある場合にはこれを改善することです．要求事項には，組織の品質方針，品質目標，顧客の要求事項，法令・規制要求事項，ISO 9001 要求事項などがありますので，組織はこれに基づいた業務の仕組み，すなわち手順や文書を作っています．したがって，内部監査では，各部門が実施している業務が手順どおりに行われているかを確認するとともに，期待する結果が表れているかを確認することが大切です．

しかし，中小企業では，現在実施している手順が詳細に文書化されていない場合が多いので，内部監査では現場で作業している人にその作業方法を確認し，そのとおり実施しているかを評価するとよいでしょう．すなわち，ヒアリングを中心とした内部監査を行うことが効果的です．

一方，中小企業の特徴として，内部監査をどのようにすればよいかがよくわからない，内部監査がきっちりできる要員が少ない，そもそもISO 9001がよくわかっていない，社外の研修のとおりに行っているが，なかなかそのとおりにできない，ということをよく耳にします．しかし，あまり気にすることはありません．次に示す内部監査の仕組みを参考してまとめてみてはいかがでしょうか．その中で改善すべきものがあれば，少しずつ内部監査の方法を変えていくことで組織にとって役立つ監査になるはずです．表4.2の事例1はうまく実施している会社ではないでしょうか．表4.3の事例2は少し効果的な方法を取り入れている会社ではないでしょうか．

表4.2　内部監査の仕組みの特徴（事例1）

会社名	H社
頻度（定期）	1回/年（定期），1回/年（マネジメントレビューの取組み，指摘事項のフォローアップ）
監査員数	12名/300名（社員数）
形態・他MS	QMS
定期監査	1. どこにQMSの問題点があるかを，監査員と被監査者が共同で発見する気付きの場と位置付け，後の改善活動につなげる． 2. 監査指針は，プロセスの監視，目標達成状況（PDCA），トレースバックで根拠確認の三つ． トレースバック方式は，関係部門の人が集まって実施．下流での問題点を把握し，上流工程の対応状況を把握しやすくなる．
臨時監査	苦情，不適合の再発防止策の有効性を見るために，特別監査を実施．
監査チーム編成	2，3名/チーム
監査時間(1部門)	2時間～3時間
監査員教育	社内セミナー開催．座学1日＋監査への参加． 内部監査員評価基準／評価表で評価し，任命する（個人資質，実務経験，知識，監査実務，監査経験等）．
監査員 レベルアップ教育	特になし
監査員への インセンティブ	特になし
監査 チェックリスト	1. 監査指針から詳細なチェックリストを作成． 2. 監査チェックリストに項目ごとに判定基準を設定．（0～4段階）

表 4.2　（続き）

会社名	H社
事前説明会	監査前に実施
監査立会い	監査リーダーにまかせ，立ち会いはしない．
監査後の活動	1. 総括内部報告書の作成 2. 経営者への内部監査報告会の実施 3. 内部監査結果を踏まえて，マネジメントレビューの提案 4. 指摘事項へのフォローアップ監査の実施 5. フォローアップ監査結果の経営者への報告
今後の課題	1. 経営に貢献できる内部監査 2. プロセスアプローチをベースにした内部監査
有効な内部監査の着眼点	1. 経営者と事前打合せを行い，経営者が懸念しているプロセスや結果を調査する内容を監査指針に盛り込む． 2. 監査員編成は部長，役員と若手期待社員を組み合わせる． 3. 監査チームはできるだけ後工程の部署から選任する． 4. 監査チェックリストは，標準書式から監査指針にあった項目を選択する．
有効な内部監査の着眼点	5. 監査チェックリストは，項目ごとに判定基準（0〜4点）を記述し，被監査者が自己診断できるようにしている．ISO 9001レベルは2〜3である． 6. 監査のなかで，被監査者の困り事を雑談する時間を設定する． 7. 内部監査報告書のなかで監査指針への適合性判断や被監査部署へのアドバイスも記述している． 8. 内部監査の指摘報告書（是正，改善，コメント）は，第三者が読んでわかるレベルの記述にしている． 9. コメント指摘は，他部門や経営者を巻き込まないとできない内容にしている． 10. 指摘をトリガーとしたプロセス強化（改善）が大事なので，フォローアップ監査をし，結果を経営者に報告している．

表 4.3　内部監査の仕組みの特徴（事例2）

会社名	N社
頻度（定期）	1回/年（定期），1回/年（マネジメントレビューの取組み，指摘事項のフォローアップ）
形態・他MS	QMS
定期監査	1. すべての部門を年1回監査する． 2. 監査目的は，規定類や手順どおりに作業を行っているかを確認することである．
臨時監査	重大クレームや不適合の再発防止策の有効性を見るために，臨時監査を実施する．

表 4.3 （続き）

会社名	N 社
監査チーム編成	2 名/チーム
監査時間(1 部門)	2 時間～3 時間 設計部と製造部には時間をかけている.
監査員教育	社外セミナー受講やコンサルタントによる研修を行う.
監査員 レベルアップ教育	特になし
監査員への インセンティブ	特になし
監査 チェックリスト	ISO 担当が作成したチェックリストを使用する. これ以外に監査員が追加的な項目を作成する.
事前説明会	品質保証部長が監査前に,監査の目的や注意事項を監査員に周知する.
監査立会い	特になし
監査後の活動	1. 内部監査報告書を作成する. 2. 監査員が社長へ内部監査報告（概要）を実施する. 3. 品質保証部長が内部監査結果を踏まえて，マネジメントレビューに提案する. 4. 品質に与える影響がある指摘事項に対して，フォローアップ監査を実施する. 5. 監査員がフォローアップ監査結果を社長に報告する.
今後の課題	1. 有効性の視点での内部監査の実施 2. 内部監査員の力量の向上
有効な内部監査の着眼点	1. 内部監査員は課長を任命する. 2. 監査チームは，被監査部署の業務に詳しい人を当てる. 3. 監査チェックリストは,各部署のパフォーマンスを考えて作成する. 4. 監査結果の記録には ISO 9001 の要求事項を記入しない. 5. 外部の講演会に参加して情報を収集している.

4.2.2　内部監査員の力量と育成

内部監査をうまく行うためには，内部監査員が監査に必要な知識と技術（力量）を保有することが大切です．このため，中小企業の内部監査員には，次に示す知識と技能が必要です．

（1）　知識の例

・監査対象部門の責任と権限

・監査対象部門の業務内容

・監査対象部門の事業計画
・品質マニュアルの内容
・内部監査の手順
・是正処置の手順
・不適合や監査報告書の書き方

これらの知識にあえて ISO 9000 と ISO 9001 を入れていないのは，この要求事項について監査するのではなく，業務内容についての監査のほうがやりやすいからです．なぜならば，監査員が規格そのものを理解していなくても，これらの要求事項は品質マニュアルに組み込まれており，監査事務局でこの要求事項についてのレビューは既に完了しているからです．

(2)　技能の例

・プロセスの活動状況に関する質問方法
・プロセスの活動状況に関する確認方法
・質問と確認のギャップの評価方法
・サンプリングの方法

これらに示す力量に関する教育・訓練を社内で行うためには，適切な講師が必要ですが，中小企業では必ずしも人材が豊富にいるわけではないので，外部機関のセミナー，特に監査技術に関するものに参加し，監査技術力を習得する必要があります．一方，知識については，品質マニュアルの内容，内部監査の手順，是正処置の手順，不適合や監査報告書の書き方を中心に研修を行うと効果的です．

第5章

内部監査の効果を上げる意義と必要性

これで最終章です．ここまでお読みいただきありがとうございました．

この最終章では，そもそもの内部監査からもう少しフォーカスを広げて，この制度をどう御社の中で活用していただくかをまとめました．

5.1　日常業務から見たISO 9001

本書は，ISO 9001に取り組んで，特に内部監査の面でいろいろと悩まれている方々を応援することをコンセプトに誕生したことから，第5章では，11の実践アドバイスを紹介し，内部監査の効果を上げる意義と必要性について触れてみます．

内部監査のための11の実践アドバイス

① ISO導入前から仕事はしていたし，マネジメントシステムは存在していた！
—何か新しいことをするのではなく，過去を整理して，未来に役立てる！—
—ISOが主役ではなく，既存の自組織のマネジメントシステムが主役—
② 社会・ライバル企業・顧客の変革を自組織で常に把握しておく！
③ 自組織のマネジメントシステムを自組織のやり方に整理せよ！
—コンサルタントや審査員(他人)に言われるままに是正するのではない！—
④ 道具（ISO 9001）は使いよう！
⑤ 組織内の活動をPDCAで回すと改善できるぞ！　それを続けていくこと（継続的改善）が大切だぞ！
—顧客満足を向上させ，競合ライバルに差を付けるために実行しよう！—
⑥ 経営者が部下任せでは成功なし！
⑦ 内部監査は継続的改善のための手段だ！
⑧ C→A→P→D→C→A→P→……でチェックから入れ！
⑨ 内部監査は，監査前の準備次第で，効率・効果がぐっと上がる！
⑩ 実施上のポイントは，目標への達成可能性を含めて監査すること！
⑪ 事実と三現主義で証拠を集めて指摘せよ！
—それには相応の準備時間＋人財（リソース）が不可欠！—

5.1.1　ISO 9001との向き合い方，使い方

ISO 9001を自組織に採用しようとされている方々や，既に採用している方々と議論していると，不思議な見解に出会うことがよくあります．それは，以前には自組織にマネジメントシステムがなかったように“さあ，これからISO 9001を使って品質マネジメントシステムを新規に構築して……”とか，従来を完全否定して“ISO 9001の要求を自組織に展開して新たなマネジメントシステムに更新して……”という見解を述べている人々が大勢いることです．

なぜ不思議と感じるのかを，以下，ISO 9001（品質マネジメントシステム—要求事項）とISO 9000（品質マネジメントシステム—基本及び用語）の引用を参照しながら考えてみます．

ISO 9001はどのような業界にも，どのような大きさの組織にも，利用可能なように作られています．“うちは小さい組織なのでこんな重厚な規格に合わせるのは……”，“うちの業種には合わない……”，などもよく聞きますが，そんなことはありません．日本適合性認定協会の適合組織検索をしてみると，司法書士事務所や銀行，病院などいろいろな業種や組織規模が認証を受けています．

もしもISO 9001の導入期であれば，

・自組織の既存のマネジメントシステムを見えるようにする．

・その見えた自組織のマネジメントシステムをISO 9001の要求事項にパズルのように合わせていく．

・ISO 9001の要求事項が対応していない自組織のシステム部分が見つかる．

など，ここに価値があります．

なお，内部監査については，ISO 19011（マネジメントシステム監査のための指針）がありますが，ここでは解説の焦点をISO 9000とISO 9001に絞って考えてみます．

5.1.2 日常業務と ISO 9001 の関係

実践アドバイス① ISO 導入前から仕事はしていたし，マネジメントシステムは存在していた！

—何か新しいことをするのではなく，過去を整理して，未来に役立てる！—

—ISO が主役ではなく，既存の自組織のマネジメントシステムが主役—

本来，企業や団体とは図 5.1 に示すように，何かの価値を生み出す組織です．自組織では何らかのインプットを組織に注入し，付加価値を生み出す組織の中でインプットである材料や素材，人財を変換・加工・提供し，その結果としてのアウトプットである製品やサービスを顧客が評価して，よいと思ったら，そのアウトプットを購入・受入・採用してもらい，結果として，企業（自組織）は対価（金銭だけでなく，非営利組織などでは直接顧客満足の高評価）を得るのです．

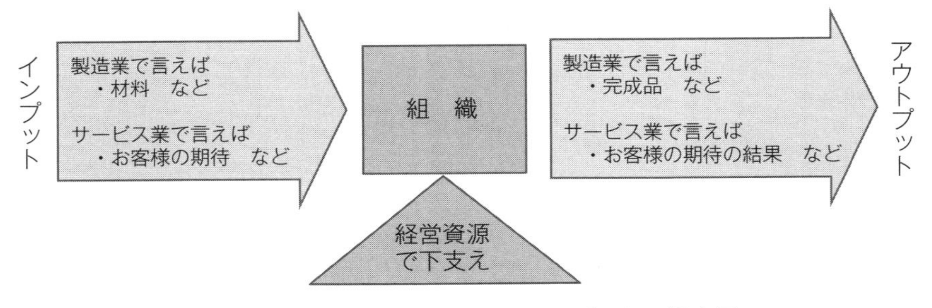

図 5.1 組織のインプット—アウトプットの概念図

例えば，車の生産企業では，板金や塗料，シート，ハンドル，ねじ，タイヤなどの部材を仕入れ，ライン上で組み立てて，ディーラー経由で顧客が購入し，対価を得ます．豆腐屋では，大豆を仕入れて燃料，水を使って豆腐にし，顧客が購入し，対価を得ます．

すなわち，工場や店舗というブラックボックス内で，材料を魅力あるよい品質の車や他の店にないおいしい豆腐といった付加価値をもつ製品に変換しているのです．

これらの価値を生み出す仕組みそのものが組織のマネジメントシステムであり，目的によって，品質面ならQMS（品質マネジメントシステム），環境面ならEMS（環境マネジメントシステム），情報セキュリティ面ならISMS（情報セキュリティマネジメントシステム），労働安全衛生面ならOHSMS（労働安全衛生マネジメントシステム）と呼称しているのです．

一方，大企業，中小企業，零細企業というように企業規模は異なっていても，組織ごとに組織文化を反映した固有のマネジメントシステムが存在し，また，新興企業や老舗企業であっても，その完成度やトップの想いのレベルの差はありますが，何らかの自組織なりのシステムを抱えて運用してきたはずです．それは，製造業やサービス業，営利団体や非営利団体という業種や業態を問わず存在してきたはずです．

したがって，各組織は"当社では過去に品質マネジメントシステムがなかった"などという思いこみにとらわれず，もっと自信をもつべきなのです．もしかすると過去からあった自組織なりのシステムに蓋をしてISOだといって独自色のないシステムに無理やり合わせてしまった組織もあるかもしれません．改めて自組織の歴史を調べるとよいでしょう．既に数十年の歴史がある組織であれば，その間，顧客が自組織を評価し，購入や取引をしていたわけで，そうでなければとっくの昔に廃業していたはずです．歴史の浅い企業でも，開業して既に安定期に入っているならば，組織が評価されて今に至っているのですから，必ず独自のマネジメントシステムが存在し，高速か低速は別としてPDCAが回っているはずです．まず，先入観を捨て，組織には何らかのマネジメントシステムが存在しているという観点から自組織を見定めることから始めるべきです．

実践アドバイス②　社会・ライバル企業・顧客の変革を自組織で常に把握しておく！

自信をもつことは重要ですが，自組織のマネジメントシステムが現状のままでよいのか，“勝ち続けて”いけるかを自己評価して確認することが必要です．自組織のマネジメントシステムは今までも存在してきましたが，過去から提供してきた製品・サービスは，社会や競合ライバル，顧客の変革などに影響を受け，変化するものです（図5.2参照）．それを組織内で常に意識する必要があります．自組織では今のままの製品やサービスを今後も必要とされるかを認識するためです．

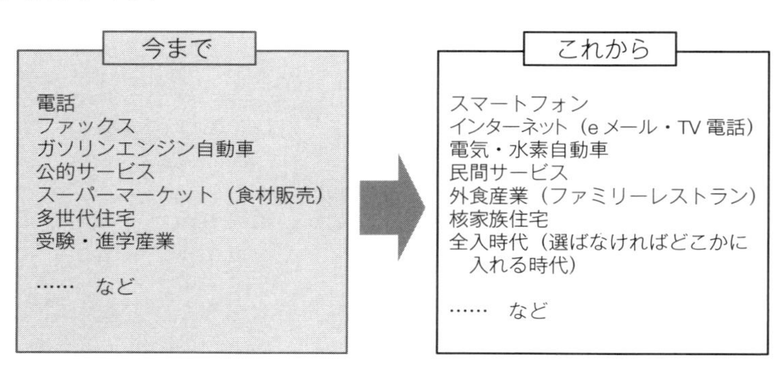

図5.2　時代の変革期

いくつかの組織で，筆者は自組織の存在価値・製品価値について質問したことがありますが，把握している組織は意外に少ないのです．ある製造業で“今後もこの製品はなくならないのでしょうか？”と尋ねたところ，“今は納期や販売価格の競争が激しくて，この製品がなくなるなんて考えている暇はありません！”や“何をばかげたこと言っているのですか？　そんなことずっと先でしょ！”などの回答を受けたことがあります．また，公共サービス業で“今後もこのような窓口サービス方式が続くのでしょうか？”と尋ねても，“規制があるのだからなくなるはずないじゃないですか！”との答えが返ってくるので，“でも，このようなサービス自体は今後もなくならないでしょうが，サービスの仕方はITなどの普及で様変わりしませんか？”と再度問うと，“仮に様変わりしても公務員なので問題ありません”との回答でした．顧客（住民）不在です．

ISO 9001の適用範囲には以下のような記述があります．

JIS Q 9001:2015

1.　適用範囲

この規格は，次の場合の品質マネジメントシステムに関する要求事項について規定する．

a)　組織が，顧客要求事項及び適用される法令・規制要求事項を満たした製品及びサービスを一貫して提供する能力をもつことを実証する必要がある場合．

b)　組織が，品質マネジメントシステムの改善のプロセスを含むシステムの効果的な適用，並びに顧客要求事項及び適用される法令・規制要求事項への適合の保証を通して，顧客満足の向上を目指す場合．

この規格の要求事項は，汎用性があり，業種・形態，規模，又は提供する製品及びサービスを問わず，あらゆる組織に適用できることを意図している．

……

この規格は，組織が上記の場合に利用することを想定しています．

JIS Q 9001:2015

0.1　一般

品質マネジメントシステムの採用は，パフォーマンス全体を改善し，持続可能な発展への取組みのための安定した基盤を提供するのに役立ち得る，組織の戦略上の決定である．

組織は，この規格に基づいて品質マネジメントシステムを実施することで，次のような便益を得る可能性がある．

a)　顧客要求事項及び適用される法令・規制要求事項を満たした製品及び

サービスを一貫して提供できる．

b)　顧客満足を向上させる機会を増やす．

c)　組織の状況及び目標に関連したリスク及び機会に取り組む．

d)　規定された品質マネジメントシステム要求事項への適合を実証できる．

内部及び外部の関係者がこの規格を使用することができる．

この規格は，次の事項の必要性を示すことを意図したものではない．

—　様々な品質マネジメントシステムの構造を画一化する．

—　文書類をこの規格の箇条の構造と一致させる．

—　この規格の特定の用語を組織内で使用する．

この規格で規定する品質マネジメントシステム要求事項は，製品及びサービスに関する要求事項を補完するものである．

……

上記のように記述されていて，この規格が審査登録制度への適用のためだけに存在するのではないことがわかります．

また，ISO 9001では以下のことについても記述があります．

JIS Q 9001:2015

0.1　一般

……

組織は，リスクに基づく考え方によって，自らのプロセス及び品質マネジメントシステムが，計画した結果からかい（乖）離することを引き起こす可能性のある要因を明確にすることができ，また，好ましくない影響を最小限に抑えるための予防的管理を実施することができ，更に機会が生じたときにそれを最大限に利用することができる．

ますます動的で複雑になる環境において，一貫して要求事項を満たし，将来のニーズ及び期待に取り組むことは，組織にとって容易ではない．組織は，この目標を達成するために，修正及び継続的改善に加えて，飛躍的な変化，革新，組織再編など様々な改善の形を採用する必要があることを見出すであろう．

……

JIS Q 9000:2015

2.2　基本概念

2.2.1　品質

品質を重視する組織は，顧客及びその他の密接に関連する利害関係者のニーズ及び期待を満たすことを通じて価値を提供する行為，態度，活動及びプロセスをもたらすような文化を促進する．

2.2.2　品質マネジメントシステム

QMSは，組織が自らの目標を特定する活動，並びに組織が望む結果を達成するために必要なプロセス及び資源を定める活動から成る．

実践アドバイス③　自組織のマネジメントシステムを自組織のやり方に整理せよ！

——コンサルタントや審査員（他人）に言われるままに是正するのではない！

組織は，ISO 9001や第三者審査登録機関（審査員）やコンサルタントからいろいろなことを求められ，審査員に言われるままに自組織のマネジメントシステムを是正（変形）するのではなく，“自律的”に，自組織のマネジメントシステムを自組織の身の丈にあったシステムに構築し，活用することが必要です．そのためにまず，自組織のやり方（既存のマネジメントシステム）とISO 9001の要求事項とを照合し，主に次の事項を考慮して整理することが効果的です．

① ISO 9001の要求事項に自組織の現状を照らし，自組織の活動に抜け

ている部分がないか.

② 顧客が自組織を評価してくれているポイントはどこか.

③ そのポイントは，顧客満足の観点から，現在の活動のままで十分継続し，競合ライバルに追い越されないか.

④ 十分なら今後も続け，不足又は競合に追い越されそうなら是正強化して，より顧客満足を得るための品質マネジメントシステムへと継続的改善を進める必要がないか，その検証を行ったか.

今後も顧客の支持を得られるような体制を構築するためには，自組織でまず確認（第一者監査である内部監査）を進め，不安を払拭することが重要です．また，顧客には見抜けない活動を含めて“審査登録制度”という第三者の審査登録機関の審査（第三者監査）の目も上手に利用して，改善事項をピックアップし，顧客が直接監査（第二者監査）しなくても，安心して購入することができる体制を構築するために，常に自律的に継続的改善の PDCA を回すことが必要です．組織として，この第三者審査登録制度を受身でとらえるか，攻めの道具としてとらえるかによって，まったく違った展開を見せるでしょう.

実践アドバイス④　道具（ISO 9001）は使いよう！

ISO 9001 は顧客の視点の規格であるならば，自組織の強いところと弱いところを見いだし，今後強化すべきプロセスと，このままの状態でも問題がないプロセスを選別し，層別して重点指向するための道具として役割の一部も担える規格です．いずれにせよ，受審し認証維持することには費用がかかることからしても，ISO 9001 を道具として上手に自組織にとって主体的に活用するとよいでしょう.

実践アドバイス⑤　組織内の活動を PDCA で回すと改善できるぞ！　それを続けていくこと（継続的改善）が大切だぞ！
——顧客満足を向上させ，競合ライバルに差を付けるために実行しよう！

JIS Q 9000:2015

2　基本概念及び品質マネジメントの原則

2.1　一般

この規格に規定する品質マネジメントの概念及び原則は，組織に，ここ数十年とは本質的に異なる環境からもたらされる課題に立ち向かう能力を与える．今日，組織が置かれている状況は，急速な変化，市場のグローバル化及び主要な資源としての知識の出現によって特徴付けられる．品質の影響は，顧客満足を超えた範囲にまでわたり，そうした影響が，組織の評判に直接影響を与えることもある．

……

2.3.5　改善

2.3.5.1　説明

成功する組織は，改善に対して，継続して焦点を当てている．

2.3.5.2　根拠

改善は，組織が，現レベルのパフォーマンスを維持し，内外の状況の変化に対応し，新たな機会を想像するために必須である．

3.3.2　継続的改善

パフォーマンスを向上するために繰り返し行われる活動．

3.7.8　パフォーマンス

測定可能な結果．

JIS Q 9001:2015

10.3　継続的改善

組織は，品質マネジメントシステムの適切性，妥当性及び有効性を継続的に改善しなければならない．

組織は，継続的改善の一環として取り組まなければならない必要性又は機会があるかどうかを明確にするために，分析及び評価の結果並びにマネジメントレビューからのアウトプットを検討しなければならない．

時代の変革とともに持続可能な成長を遂げていく組織となるためには，上記に示す規格を十分認識する必要があります．

すなわち，“組織内の活動をPDCAで回すとよいぞ！改善できるぞ！それを続けていくこと（継続的）が大切だぞ！”というヒントを規格は示しています．したがって，この要求事項を考慮して，自組織のマネジメントシステムを見直し，改善点についてPDCAを回しながら継続的改善を行うことが，顧客満足の向上や，競合ライバルに打ち勝つことにつながります．そのためにこの規格が活用できることを認識してください．

その一方で，ISO 9001が万能かというと，適用する側が受身で適用するか，自組織にとっての攻めの道具として適用するかで，その“万能度”がかなり違ってくることにも留意してください．

実践アドバイス⑥　経営者が部下任せでは絶対に成功しない！

組織として何を目的にISO 9001を適用するかを明確にしなければ，かなりの業務ロスやトラブルの原因になるだけで，事業の成功にはつながりません．下記に示すISO 9001の要求事項では，“トップマネジメントは，次に示す事項によって，品質マネジメントシステムに関するリーダーシップ及びコミットメントを実証しなければならない”，“トップマネジメントは，次に示す事項によって，品質マネジメントシステムに関するリーダーシップ及びコミットメントを実証しなければならない”とされています．この事項は，経営者の責任を明確にする内容であり，ISO 9001を導入し成功するか否かの重要なポイントなので，部下任せでは成功はありません．“自主性を重んじる”といった，もっともらしい口実は放任と変わらないのです．

JIS Q 9001:2015

5　リーダーシップ

5.1　リーダーシップ及びコミットメント

5.1.1　一般

トップマネジメントは，次に示す事項によって，品質マネジメントシステムに関するリーダーシップ及びコミットメントを実証しなければならない．

a)　品質マネジメントシステムの有効性に説明責任（accountability）を負う．

b)　品質マネジメントシステムに関する品質方針及び品質目標を確立し，それらが組織の状況及び戦略的な方向性と両立することを確実にする．

c)　組織の事業プロセスへの品質マネジメントシステム要求事項の統合を確実にする．

d)　プロセスアプローチ及びリスクに基づく考え方の利用を促進する．

e)　品質マネジメントシステムに必要な資源が利用可能であることを確実にする．

f)　有効な品質マネジメント及び品質マネジメントシステム要求事項への適合の重要性を伝達する．

g)　品質マネジメントシステムがその意図した結果を達成することを確実にする．

h)　品質マネジメントシステムの有効性に寄与するよう人々を積極的に参加させ，指揮し，支援する．

i)　改善を促進する．

j)　その他の関連する管理層がその責任の領域においてリーダーシップを実証するよう，管理層の役割を支援する．

JIS Q 9001:2015

5.1.2　顧客重視

トップマネジメントは，次の事項を確実にすることによって，顧客重視に関するリーダーシップ及びコミットメントを実証しなければならない．

a)　顧客要求事項及び適用される法令・規制要求事項を明確にし，理解し，一貫してそれを満たしている．

b)　製品及びサービスの適合並びに顧客満足を向上させる能力に影響を与え得る，リスク及び機会を決定し，取り組んでいる．

c)　顧客満足向上の重視が維持されている．

(a)　経営者の視点ではどう考えるとよいかについての事例を次に示します．

①　部下任せなら導入しない．

②　経営者自身が関わるからには，経営に役立つような視点で導入することをねらう．

③　ISO 9001をどのような役立て方にしたいかを検討する．
例えば，

・自組織の既存QMSの見直し，建て直しに活用する．

・組織内で未融合との感覚で運用していた他の個々のマネジメントシステムを融合する．企業の根本のマネジメントシステムは一つである．日常業務を進める上であれもこれもとぶつ切れの仕組みでは運用されていないはずである．

・自組織の競争優位要因を認識するための道具にする．競争優位要因とは，顧客が認知する競合ライバルとの差別化ポイントである．このポイントを確実に顧客に提供し続けられるようにする．

(b)　経営者に近い立場（従来の管理責任者や経営の中枢）の視点ではどう

考えるとよいかについての事例を次に示します．

① “経営者が何もしない”とぼやいてばかりいない．ぼやいていても始まらない．

② 他の組織の，自組織に活用できる事例をベンチマークする．自組織にこもってばかりいないで何かのヒントのために視野を広げる（セミナーに出るのもよいし，インターネット上の情報もたくさんある．認証機関も最近はそのような情報サービスも行っている）．

③ 自組織にとってどのような使い方があるかを整理する．得たヒントはあくまでヒントであり，自組織流に上手にアレンジする．

④ 経営者にどのような使い方があるかを提案する．単なる適合性だけでなく自組織の目標に向かっていくマネジメントシステム構築のためへの提案を行う．

いずれにせよ，“全員参画で自組織をよくしていくための道具”として組織内でISO 9001をどのように活用するかについて意思を合わせることが必要です．

5.2　内部監査の活用法

5.2.1　内部監査の視点

実践アドバイス⑦　内部監査は継続的改善のための手段！

そもそも，なぜ内部監査をするのかを理解する上で見失ってはいけないことは，下記のような連鎖ロジックが成り立つことを認識することです（図5.3参照）．

① “内部監査”とは，改善点を明確にすることである．

② “内部監査”の目的は“継続的改善”である．

③ “継続的改善”の上位目的は，“個々の組織がよくなる”ことである．

④ “個々の組織がよくなった”結果，顧客満足向上を含み，ひいては“社会全体”が持続可能な成長を成し遂げていく．

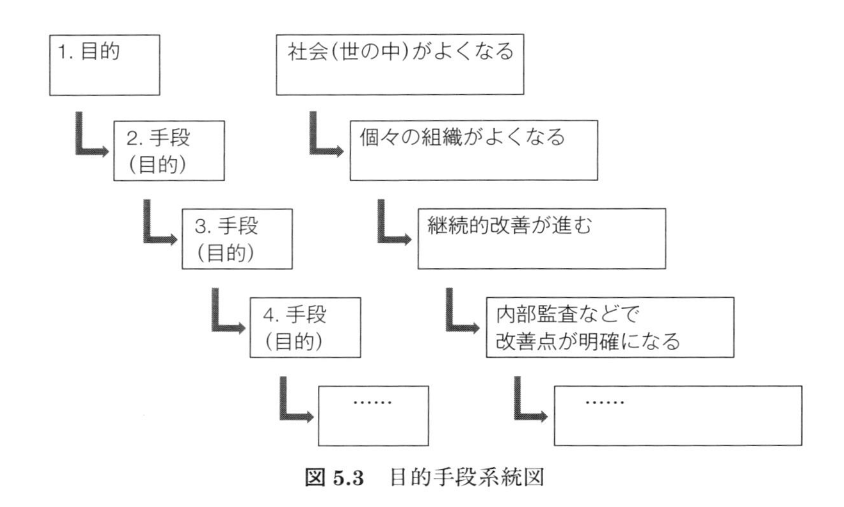

図 5.3　目的手段系統図

実践アドバイス⑧　C→A→P→D→C→A→P→……でチェックから入れ！

継続的改善のためには PDCA を回すことが必要ですが，回す上で配慮しないといけないことは，必ずしも計画立案（P）から始めなければならないわけではありません．内部監査では，自組織のマネジメントシステムのルールと結果がどうなっているかを可視化したものを基に調べてみることが肝心であり，まず，実態をつかむことが必要です．決して“ISO 9001 にはこう書いてあるから”などと規格に振り回されるのではなく，自らの意思で，“ここはよくやっていて強いが，ここは以前から手を入れていないため弱い……”というように自組織の現状分析を行った上で対策をとる“C→A→P→D→C→A→P→D→……”の流れが重要です．

つまり，継続的改善は，内部監査を中心にした，評価（C）し，是正をするというアクション（A）を行った後に，QMS を見直す計画（P）を立て，実行する（D）自組織の運用の“姿”を監査（C）する見方のほうがよいでしょう．

では，内部監査をどのように効果的に運用するかを次に解説します．

5.2.2　QMS と内部監査の真の目的

“内部監査の真の目的”を説明する前提として，自組織の品質マネジメントシステムに ISO 9001 を使う目的と方向性を明確にしておく必要があります．これには次に示す二つのパターンがあります．

A：商売上，登録証さえ受け取れればよいというパターン

B：審査登録制度を使って費用や社内工数を掛けて活動するからには，これを契機に組織をよくすることを目的とするパターン

A に関しては，ただそれだけの目的であれば，本書の発刊目的とは違うので，以降は，B パターンについて記述します．

実践アドバイス⑨　内部監査は，監査前の準備次第で，効率・効果がぐっと上がる！

内部監査を行う上での前提条件がありますが，意外にもこれが欠落していることが多いです．その前提条件とは，

① 内部監査員が自組織のマネジメントシステム概略を事前に理解していること．事前に調べ，場当たり的に監査しないこと

② 経営者自身が，ISO 9001 を導入する目的を明確にすること

③ 経営者自身が内部監査員の任命に強い関心をもち，自身の代行者選定という意識で，社内のエース又は今後エースにする社員を内部監査員にあてるといった，経営資源の注入を本気で示していること

の三つです．

内部監査を実施する意義は，図 5.3 で示した“目的—手段”の関係で説明することができます．内部監査を使って，組織の継続的改善を進めるための課題を抽出し是正を繰り返すことが，結果的に自組織をよくすることや顧客満足の向上につながります．

内部監査員は，まず経営方針の内容を把握し，そのねらいから監査項目を決めて，監査基準と比較して判断していきます．これは，内部監査員が経営者の

代行として監査を行うという意味でもあります．逆に，経営者が内部監査員の任命について関心を示さないことは異常だともいえます．自身の経営の放任とも受け取られかねない行為です．

ISO 9000では，監査や監査員について下記のように定義されています．

JIS Q 9000:2015

3.13.1　監査（audit）

監査基準が満たされている程度を判定するために，客観的証拠を収集し，それを客観的に評価するための，体系的で，独立し，文書化したプロセス．

3.13.7　監査基準（audit criteria）

客観的証拠と比較する基準として用いる一連の方針，手順又は要求事項．

3.8.3　客観的証拠（objective evidence）

あるものの存在又は真実を裏付けるデータ．

注記2　監査のための客観的証拠は，一般に，監査基準に関連し，かつ，検証できる，記録，事実の記述又はその他の情報から成る．

3.4.1　プロセス（process）

インプットを使用して意図した結果を生み出す，相互に関連する又は相互に作用する一連の活動．

3.13.8　監査証拠（audit evidence）

監査基準に関連し，かつ，検証できる，記録，事実の記述又はその他の情報．

3.13.15　監査員（auditor）

監査を行う人．

監査を行う上での基準の一つが社内ルール文書です．監査対象のQMSは手順書や規定，仕様書などに可視化・文書化されていると思います．これらは，

ISO 9001を社内に適用する，しないにかかわらず存在する文書化された情報です．ISO 9001を導入すると文書化された情報が増えるとよく聞きますが，それは役に立たない新たな文書をつくるからであり，文書においても意味がある，役に立つ文書は大いに活かせばよいし，役に立たない文書はISO 9001では要求していないはずです．2015年版では大幅に文書化の要求が削減されました．

JIS Q 9001:2015

7.5 文書化した情報

7.5.1 一般

組織の品質マネジメントシステムは，次の事項を含まなければならない．

a) この規格が要求する文書化した情報

b) 品質マネジメントシステムの有効性のために必要であると組織が決定した，文書化した情報

注記 品質マネジメントシステムのための文書化した情報の程度は，次のような理由によって，それぞれの組織で異なる場合がある．

— 組織の規模，並びに活動，プロセス，製品及びサービスの種類

— プロセス及びその相互作用の複雑さ

— 人々の力量

7.5.2 作成及び更新

文書化した情報を作成及び更新する際，組織は，次の事項を確実にしなければならない．

a) 適切な識別及び記述（例えば，タイトル，日付，作成者，参照番号）

b) 適切な形式（例えば，言語，ソフトウェアの版，図表）及び媒体（例えば，紙，電子媒体）

c) 適切性及び妥当性に関する，適切なレビュー及び承認

ISO 9001の2015年版より品質マニュアルを作成する要求事項はなくなりました.

これまでの品質マニュアルは,大きく分けて以下の2パターンがありました.

・ISO 9001の各箇条ごとに自組織の仕組みをまとめた文書

・自組織のプロセスに沿ってまとめた文書

この品質マニュアルは通常業務の中では使われず，活用されていないことが多いようです．なぜならば，そもそも仕事は既存の社内ルール・書類で行っていて，品質マニュアルを作成することはISO 9001の要求事項であり，審査受審のために作成した文章であることが多く，推進事務局などの黒子のメンバーが自組織の品質マネジメントシステムについてISO 9001に適合するようにまとめた文書であることが多いからです.

一方，内部監査員は通常業務との兼務者が多く，通常業務では普段品質マニュアルを使っておらずなじみが薄いことが多いようです．品質マネジメントシステムについても理解が浅いことが多いようです.

このため，内部監査員が監査の準備として自組織のマネジメントシステムを理解するためには，次の2種類の文書を用いることが多くなります.

①　(通常社内で使われている) 社内規程や手順書，掲示物

②　(なじみがない) 品質マニュアル

①は普段よく見る文章であり頭に入りやすく，何より身近です．しかし，詳細なことも多く，記載内容や個々のプロセスとの関連を整理するには時間と労力がかかります．一方，②がよいかというと，よそ行きの文書であることが多いために頭に入りにくいのです．では，どうすればよいでしょうか.

一つの結論としては，①と②を融合して上手に活用することです．例えば，②を使うと全体的な流れは比較的容易に理解が可能なようです．しかし，ISO 9001で要求されたことがメインに記載されているため，社内の事務局がまとめた消極的文書であるとすれば，詳細性に欠ける文書であり，この弱点を補うために①を活用するとよいでしょう.

すなわち，図5.4に示すように，自組織のプロセス1からプロセス6までの

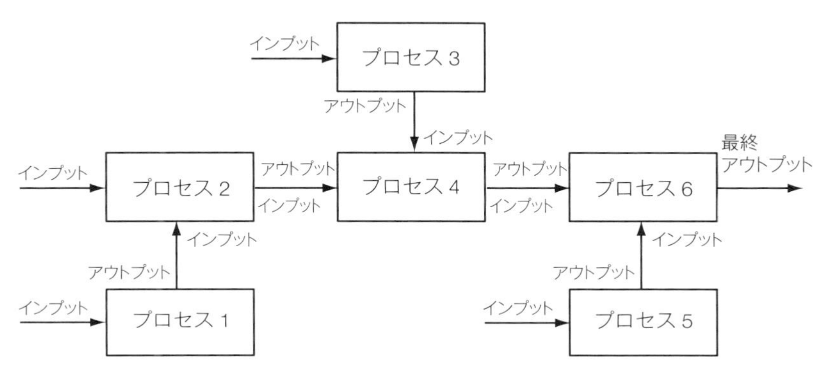

図 5.4　組織（企業）における流れの事例

全体像は②の文書で理解して，個々のプロセスの仕組みは①の文書で理解するとよいでしょう．

最初に審査登録する時点では，この①と②の文書が整合せず，審査登録機関からいろいろと言われることが多いようです．②は現場作業に関わらないメンバーが作成することが多いため，現場の状況変化に合わせて改訂されていないことが多いですが，①は継続的改善の結果，改訂され続けていくので，登録を終えて数年経つと①と②の内容が食い違ってくることがあるようです．

内部監査員は①と②の食い違いは内部監査準備の時点で事前文書確認において気づくことが多いと思われます．

実体に即した①の改訂や，①と②に乖離がないことを確認することも内部監査では重要です．

実践アドバイス⑩　実施上のポイントは，目標への達成可能性を含めて監査すること！

図 5.5 のように，内部監査を実施するときは，自組織内のシステムを“インプット—アウトプットの関係”と照合して考え，要求事項と仕組みと結果の間の“ねらい・意図（要求事項と仕組みの関係）”，“実施状況（仕組みと結果の

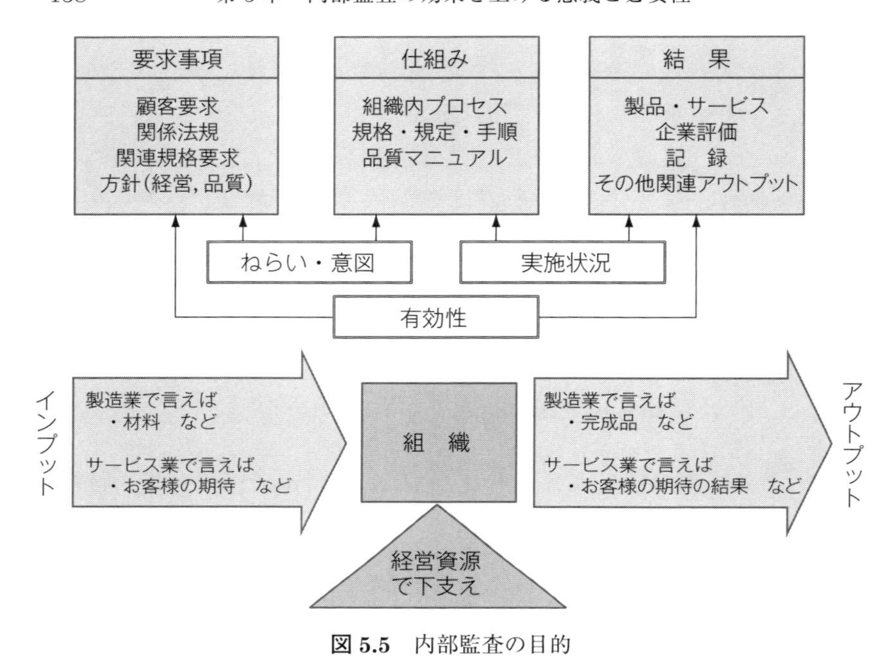

図 5.5 内部監査の目的

関係)", "有効性（結果と要求事項の関係)" を確認し，その結果を経営者や管理責任者へ報告し，これらの整合性アップに向けた継続的改善の進捗状況を確認することが大切です.

5.2.3 内部監査の機能

ISO 9001 によれば内部監査とは,

・自組織内のプロセスが，ISO 9001 の要求事項を含む，自組織で決めた個別製品の実現の計画に適合しているか

・そのプロセスが，効果的に実施され，維持されているか

を確認するものです.

これを図 5.5 で考えると,

・プロセスどうしがうまく連携しているか

・個々のプロセスがうまく機能しているか

・経営目標・目的がこのプロセスで実現できているか

などを確認する手段の一つが内部監査だといえます．

ここで忘れてはならないのは，あくまでもISO 9001の要求事項を含む，自組織で決めた計画を実行しているということです．自組織で決めたのであれば，順守するのは当然であり，もし順守できないのであれば，自組織の実力に見合わないレベルの顧客要求事項を約束し，計画を立てたということです．計画を順守できないことが頻繁に起きて，それが重い指摘であるならば，顧客の信頼に背く行為だともいえます．内部監査は，この状況を把握する上で重要な役目を担っています．

また，自組織で決めるからには経営者の思いが入った品質マネジメントシステムになっているはずなので，内部監査は経営的観点からも重要な役目を担っているといえます．逆にいえば，内部監査員は経営者の意思を理解していなければ，監査はできないということです．

実践アドバイス⑪　事実と三現主義（現場・現物・現実）で証拠を集めて指摘せよ！

——それには相応する時間＋人財（リソース）が不可欠！

内部監査の実施の視点をまとめたものを，図5.6に示します．まず行うとよいのは，図5.6の(a)～(c)です．

(a)　自組織の目標（経営的な上層部から個々の業務の下層部までを含んだ部門長の方針や目標）を理解する．

主には，それらの目標はWhy（なぜ）立案されているのか．

(b)　ISO 9001の要求事項と顧客要求事項は大きく乖離するものではなく，下記の式のように関連することを理解する．

“顧客の要求事項”＝“ISO 9001要求事項”＋α……（1）

主には，要求事項＋αのWhat（何）を確認するか．

(c)　それを自組織のQMSの中で上手に運用し，最小のインプットを最

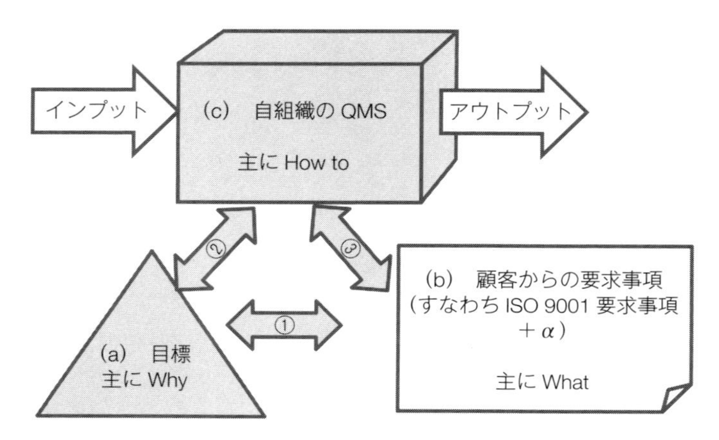

図 5.6　内部監査の実施の視点

大アウトプットにすることがあるべき姿だと認識する．

主には，社内システムが How（どのように）なっているか．

次に，図 5.6 ①とは，

・式(1)を実現するための自組織の目標と引き合わせて検証する．

・“経営者のねらい”と“顧客の要求”の整合性を検証する．

図 5.6 ②とは，

・目標が自組織の QMS へきちんと反映され，不整合がないかどうかを検証する．

・目標達成が自組織のプロセスのどこで実現するかを検証する．

図 5.6 ③とは，

・式(1)を実現するためにプロセスのどこで実現するかを検証する．

・式(1)の要求事項実現のために自組織の QMS へきちんと反映され，不整合がないかどうかを検証する．

自組織の品質マネジメントシステムの中で何をターゲットとして監査するかを明確にして，組織内の該当プロセスでの事実と実体を三現主義（現場・現物・現実）で証拠を集めて分析し，その関係を検証します．

あくまでも自分の興味や場当たり的に内部監査を実施するのではなく，上記のような，いわば事前準備的な行為がしっかりあってこそ，実際の現場での観察やQ&Aに活かされてくるのです．やるからには，それだけしないと成果を出す，意味のある内部監査は実施できません．

ちなみに，監査項目にISO 9001の要求事項が自動的に含まれていることは当然ですが，一度の監査で被監査対象すべてを監査することは時間の関係上難しいことをふまえると，監査対象を監査する上でのタイミングも考慮しなければなりません（例えば，新開発製品の立上げ時に内部監査で，この製品プロセスの力量を確認するのはよいタイミングだといえます）．それにより，内部監査自体も重点指向になるのです．

5.2.4　内部監査の効果的活用

内部監査に対して，これだけの労力と知力，体力をかけて行うのは，それだけ強い経営者の意志があり，自組織にとっても重要だからです．

“自組織をよくする，強くする”という目的を達成するためには，下記の①から④など，単なる自組織内の品質マネジメントシステムを評価する以外にも，内部監査を効果的に活用する方法があるのです．

① 三現主義（現場・現物・現実）で実際の状況を早期に把握する．

② 自組織内の，別の切り口のマネジメントシステムとの融合を図るための指針に役立てる．

③ 従来，日本企業は一つの部署や業務のスペシャリスト（例えば，入社以来30年間営業一筋）がそのまま経営層まで登用されていたが，内部監査員に社内のエースを登用するからには，内部監査員として複数の職場の実態を把握させ自組織の全貌を早期に把握させることができ，新たな人財育成ルートが確立できる．

④ 審査登録制度上の第三者だけでなく，格付機関や上場機関，融資機関，M&A機関，IRなど，ステークホルダーに対して，自組織の長所を説明するときにも活用することができる．

5.2.5 内部監査の実際の事例

ISO 9001 に関わる方々との議論の中で, 以下のような相談をよく受けます.

(1) 内部監査で何を指摘したらよいのかわからない.

(2) 是正処置を行ったはずなのに同じ問題が再発する.

(3) 経営課題, 品質目標が前年度未達成なのに, 次年度も同じ又は高い目標が提示される.

(4) マネジメントレビューで毎回経営者から同じ問題点が指摘されている.

<事 例>

事例(1) 内部監査で何を指摘したらよいのかわからない

“監査で, 自組織の QMS に決められた帳票に記入がされ, 時期・日程も合っていて, 承認・押印されており, QMS 上問題がないとの結論を出した.”

⇨ 内部監査では, 本来, “経営課題や品質目標もしくはあるべき姿” と “現状” との差を確認し, このままのやり方で当初のねらいを計画どおりに達成できるのかどうかを検証します. 監査項目を表面的に確認するだけで, 突っ込んだ指摘がないというケースを多く見受けます.

“実施状況” の確認などの表面的な監査はしていますが, 業務の現状を追跡した上で “ねらい・意図” や “有効性” の監査には及んでいません.

これでは十分に内部監査の機能を果たしていません.

事例(2) 是正処置したはずなのに同じ問題が再発する

“CAPDCA のサイクルから前回の内部監査で検出され是正した内容の現在の状況を確認したところ, 最近も発生しているという.”

⇨ このような例でよく見受けるのが, 原因を “ヒューマンエラー (人のうっかりミス)” とし, 対策は “教育をする” とする例です. これでは真の原因の追究が弱く, 再発防止対策にはなりません. エラーを起こす人も最初は気にしているのですが, 時間が経つうちには再び発生して, その繰返しです．単純に“ヒューマンエラー”と片付けるのではなく，“人は間違えるもの”との視点をもった上で，監査の場では深掘りするまで議論することがポイントです．

事例(3)　未到達な目標がそのまま掲げられている

“経営課題，品質目標が前年度未達成なのに，次年度も同じかそれより高い目標が提示される．”

⇨　このような事例の場合，目標を 5W1H［What，Who，Where，When，Why，How（to/many/much)］の視点で整理することが最初のステップです．

この品質目標（What）は，どこの部署（Where）の，誰が（Who)，どのような視点（How）で，いつまでに（When)，なぜ（Why)，立案したかを整理することが重要です．

よくあるケースは，以下のようなものです．

・品質目標（What）自体が抽象的である．

・実は品質目標立案者（Who）は単年度達成を意図しておらず，数年先での達成（When）のための目標［How many（much)］であった．

・目標のレベルが必達目標ではなく，そもそも精神論的努力目標［How many（much)］であった．

・目標立案者（Who）が経営者や部門長などのような権限をもっていない者で，上司の放任から意思をもたずに目標立案する場合に“ほかに思い浮かばなかったので毎年同じ目標を作成”していた

この場合，

①　前年未達成のまま次年度も同じ目標を掲示するという現象がなぜ起きるのか．

②　なぜ，この品質目標を立案し周知しているのか．

を聞き出すことであり，単純な目標の未達成を議論しても意味がありませ

ん．つまり，意思をもたない品質目標ならば立案しないほうがよいのです．

事例(4)　経営層から同じ指摘を受け続けている

“マネジメントレビューで毎回経営者から同じ問題点が指摘されているが直らない．”

⇨　このようなケースの場合，大きく分けて二つに大別されます．

①　与えられた指摘の是正が，実は現状技術で対応するには相当に難しい．

②　マネジメントレビューに対して，経営者，管理者が意思をもっていない．

①の実例はないわけではないですが，そう多くはありません．よくある事例は後者です．②の場合，経営者や管理者に問題がある場合と，仕組みに問題がある場合に大別されます．

経営者や管理者に問題がある場合はISO 9001への受身の姿勢がうかがえますが，仕組みに問題がある場合とも関連があります．ISO 9001の登録（認証）以降，マネジメントレビュー会議を仰々しく始めている組織が多いようです．

経営者とは商人であり，どう儲けるかの感性が強い人だから経営者になっていることが多いのですが，経営結果に関わる行為を他人任せにする経営者は少ないです．つまり経営者は，ISO 9001で要求するレビュー内容をすべて含んでいるか否かは別として，以前から自組織のマネジメントレビューを行っていたはずです（例えば，役員会や部長会，管理職会議など）．それにもかかわらず，新たに別の仕組み（マネジメントレビュー会議）をとるのでうまくいかないケースが多く見られるのです．

従来の仕組みの中で，マネジメントレビューについて要求事項を抜けなく行えるように検討することで解決できるケースが少なくありません．“普段着”の場ではないマネジメントレビューで指示を受けた事項については，指示した経営者側も，指示を受けた側も覚えておらず是正されない

（直らない）ものです．

マネジメントレビューをどのような枠組みで実施するかを述べましたが，経営者の指示が抽象的すぎることで起きる問題もあります．是正の指針を 5W1H で具体的にしておかないと，被監査部門側も是正の方向性を見失い，進捗チェックを明確に行うことができません．枠組みとは別に，仕組みの中で明確化されているかを監査することも重要です．

JIS Q 9001:2015

9.3　マネジメントレビュー

9.3.1　一般

トップマネジメントは，組織の品質マネジメントシステムが，引き続き，適切，妥当かつ有効で更に組織の戦略的な方向性と一致していることを確実にするために，あらかじめ定めた間隔で，品質マネジメントシステムをレビューしなければならない．

9.3.2　マネジメントレビューへのインプット

マネジメントレビューは，次の事項を考慮して計画し，実施しなければならない．

……

c)　次に示す傾向を含めた，品質マネジメントシステムのパフォーマンス及び有効性に関する情報

……

6)　監査結果

……

以上，なぜ内部監査の効果を上げないといけないのかを述べてきましたが，何をするにも受身では成功しません．やるからには積極的に目的・目標を明確にし，焦点を絞ってやり抜くことが必要です．それがだめなら最初から取り組まないほうがよいのです．

索　　引

ま　行

ら　行

2015 年版対応
中小企業のための
ISO 9001 内部監査指摘ノウハウ集

2007 年 1 月 10 日　第 1 版第 1 刷発行
2009 年 3 月 25 日　第 2 版第 1 刷発行
2016 年 10 月 18 日　第 3 版第 1 刷発行(改題)
2022 年 6 月 18 日　　　　第 7 刷発行

編集委員長　福丸　典芳
発 行 者　朝日　　弘
発 行 所　一般財団法人 日本規格協会
〒 108-0073　東京都港区三田 3 丁目 13-12 三田 MT ビル
https://www.jsa.or.jp/
振替　00160-2-195146

製　　作　日本規格協会ソリューションズ株式会社
印 刷 所　株式会社平文社
製作協力　有限会社カイ編集舎

ISBN978-4-542-30668-4